钼粉末冶金制备与加工

胡 平 邢海瑞 王 强 王快社 著

科学出版社

北京

内 容 简 介

本书主要介绍了钼在粉末冶金过程中的制备和加工，系统地研究了粉末冶金过程中钼烧结坯的压缩变形行为与组织演变、钼板材轧制加工过程的有限元模拟、热处理工艺对其组织与性能的影响作用以及杂质氧对其组织演变与力学性能的影响规律，对深入探究钼在粉末冶金制备过程中的组织与性能调控具有重要的借鉴意义。全书共 6 章，主要内容包括：绪论、钼烧结坯的压缩变形行为与组织演变、钼板材轧制加工过程的有限元模拟、钼板材轧制加工过程的组织与性能影响、热处理对钼板材的组织与性能影响以及杂质氧对钼粉末冶金过程的组织与性能影响。

本书可供从事难熔金属、粉末冶金领域的生产技术人员、研究人员、高等学校教师阅读，也可作为金属材料及相关专业本科生和研究生的教学参考书。

图书在版编目（CIP）数据

钼粉末冶金制备与加工 / 胡平等著. — 北京：科学出版社，2025. 3.
ISBN 978-7-03-080105-0

Ⅰ. TF841.2

中国国家版本馆 CIP 数据核字第 2024R726C1 号

责任编辑：赵敬伟 孔晓慧 / 责任校对：彭珍珍
责任印制：张 伟 / 封面设计：无极书装

科学出版社 出版
北京东黄城根北街 16 号
邮政编码：100717
http://www.sciencep.com

北京九州迅驰传媒文化有限公司印刷
科学出版社发行 各地新华书店经销
*
2025 年 3 月第 一 版 开本：720×1000 1/16
2025 年 3 月第一次印刷 印张：14 1/4
字数：270 000
定价：118.00 元
（如有印装质量问题，我社负责调换）

前　言

　　钼是航空航天、核电工业、国防军工等领域的关键基础材料，具有优异的高温强度、抗蠕变性、耐蚀性，以及低热膨胀系数等特点，在国民经济和国防工业领域发挥至关重要的作用。据报道，我国的钼资源占全球钼储量的38.7%，但产品以中间坯料为主，重要工业领域亟需的高附加值钼深加工制品及装备主要依赖进口，不能实现完全自主保供，这使我国钼资源优势难以转化为科技和经济优势。其根本原因是钼的室温脆性大、韧-脆转变温度高和比强度低等问题。因此，探究钼在制备加工中出现脆性和强度不足等相关基础科学问题，促进战略基础材料高质高值化，是国家的迫切需求。

　　目前常采用粉末冶金法对钼金属坯料进行制备，并且在钼粉末冶金过程组织演变与性能方面做了大量工作，但仍存在一些问题需要解决：①钼本身具有变形温度高、低温塑性差、高温下氧化严重等问题，导致钼板轧制加工过程中出现头部张嘴开裂、分层和边裂等；②钼板材在轧制加工过程中对加工温度、变形量、变形速率极其敏感，变形过程中经常伴随分层、边裂等；③钼板材在塑性流动过程中纯度、致密度、晶粒度以及晶粒取向都对其服役性能有显著影响；④钼板材在轧制变形及热处理过程中存在开始再结晶温度高、缺乏形核质点、晶粒易不均匀长大等特性，而且钼的再结晶温度较高，位错的钉扎作用也就较弱，缺乏形核质点，变形热处理后比较容易发生晶粒的不均匀长大，导致钼的物理和力学性能严重下降；⑤由于杂质氧元素分布均匀性变化、杂质氧含量难以控制，利用粉末冶金法生产的钼烧结坯和轧制板材在钼晶界偏析，导致其晶界脆化和韧性低，直接影响钼金属的加工和使用。因而，研究人员围绕粉末冶金法制备的钼金属组织演变与力学性能展开研究，为提高钼的可加工性能、扩大钼材料的应用领域和解决钼的脆化问题提供重要理论和实际应用价值。

　　本书是作者团队在钼材料粉末冶金制备和加工领域多年来研究工作的总结。本书分为第1章阐述了钼的物理和化学性质、粉末冶金制备方法以及钼粉末冶金过程研究现状；第2章讨论了粉末冶金过程中钼烧结坯的压缩变形行为与组织演变的影响；第3章介绍了钼板材轧制加工过程的有限元模拟，包括钼板材的轧制制备技术、有限元模型设计、有限元模拟结果与验证以及压缩变形工艺参数对流变应力的影响；第 4 章研究了钼板材轧制加工过程的组织与性能影响，包括钼板材轧制加工技术、轧制变形率对钼板材微观组织及硬度的影响规律以及轧制变形率对钼板材再结晶行为的影响；第 5 章探讨了热处理工艺对钼板材的组织与性能的影响规律，包括所制备钼板材的组织形貌、晶界变化、再结晶行为以及不同热处理工艺参数对钼板材性能的影响；第 6 章阐明了钼粉末冶金过程中杂质氧对钼组织演变与力学性能的影响，包括杂质氧在钼粉末冶金过程中的存在形式及分布规律、杂质氧对粉末冶金钼微观组织和力学性能的影响。书中彩图可扫描封底二维码查看。

　　本书的相关工作主要依托于西安建筑科技大学功能材料加工国家地方联合工程研究中心完成。感谢国家重点研发计划、国家自然科学基金、霍英东教育基金会高等院校青年教师基金、陕西省重点科技创新团队等科研项目对本书研究工作的资助,感谢作者团队的研究生夏雨、陈文静、周宇航、程权等为本书研究工作做出的贡献。本书对从事难熔金属钼粉末冶金领域的生产技术人员、研究人员和设计人员具有一定的参考借鉴意义。

　　由于作者知识水平有限，书中难免有不足之处，敬请读者批评指正。

胡平、邢海瑞、王强、王快社

2024 年 5 月

目　　录

第1章 绪 论

1.1 引言

难熔金属是指熔点高于 1650℃或 1800℃的金属，常用的难熔金属包括钼（Mo）、铌（Nb）、钽（Ta）、钨（W）和铼（Re）等。钼金属作为一种难熔金属，具有优异的高温强度、抗蠕变性、耐蚀性，以及低热膨胀系数等优点[1, 2]，是航空航天、核电、国防军工等领域难以替代的关键基础材料[3-5]。

18 世纪 70 年代，瑞典科学家 Scheele 在辉钼矿（MoS_2）研究中发现了钼酸。Hjelm 利用木炭和钼酸还原出黑色金属钼（molybdenum）[6, 7]。我国钼资源的产量、出口量在世界市场上均具有极大占比。近 40 年，我国的钼工业生产在矿石的开采与冶炼技术、粉末冶金与真空冶金技术以及钼坯制备与深加工塑性成形技术上实现了突破，在世界钼市场的产能与出口中发挥重要的战略地位。然而，我国钼金属的加工技术与发达国家相比存在较大差距，主要问题为钼制品以初级产品为主、钼产业链水平低端、生产规模偏小[8, 9]。这使得我国重要工业领域亟需的高附加值钼深加工制品及装备主要依赖进口，不能实现完全自主保供，钼的资源优势难以转化为科技和经济优势。因此，解决钼深加工材料产业面临的产品同质化、低值化等问题，推进钼材料重点产业的结构调整与升级，是国家的重大需求。

钼金属的主要深加工产品有钼板材、钼棒材、钼线材等，在集成电路、声像设备、半导体器件、医疗器械等方面有较大的应用空间[10]，尤其是在发电照明、微电子、平板显示器、计算机电路等方面。作为体心立方结构（body-centered cubic structure，bcc）的钼金属，脆性大、韧-脆转变温度高和比强度低等本征缺陷导致其深加工困难和使用寿命低等问题[11]，严重限制了高温结构材料的广泛应用[12-15]。

目前常采用粉末冶金法对钼金属坯料进行制备。由于其纯净度、组织结构和热应力控制难度大，热变形后会出现晶粒非均匀长大等问题。当钼金属晶粒尺寸发生变化时，间隙杂质氧（oxygen，O）、碳（carbon，C）、氮（nitrogen，

N）等元素的分布均匀性也会显著变化，导致其较高的韧−脆转变温度和严重的脆性问题[16]，这是钼金属深加工困难的根本原因。随着粉末冶金方法制备钼金属的晶界表面的间隙杂质氧、碳、氮含量增多，在钼金属晶界周围的溶质元素分布发生变化，间隙杂质氧、碳、氮元素使其晶界结合强度降低、位错运动受到阻碍、裂纹加速生成，严重影响钼金属的强度和塑性[17, 18]。因此，研究钼金属在粉末冶金过程中组织演变规律与力学性能的影响作用，掌握钼金属中间隙杂质氧的含量、分布及其性能影响均是优化其可加工性能和扩大其应用领域的关键。

1.2 钼的基本性质

1.2.1 钼的物理性质

稀有金属钼的颜色为银白色，20℃时密度为 10.22 g/cm³，是ⅥB族元素，熔点为 2622℃，沸点为 4639℃。原子序数为 42，原子量为 95.95，原子体积为 9.42 cm³/mol，原子半径为 0.139 nm，具有很强的原子间键合力，同时钼具有优异的高温强度、导电导热性能和耐腐蚀性，以及低热膨胀系数。钼在自然界中同位素有七种，其晶体结构类型为体心立方结构（bcc），晶格常数为 3.1467～3.1475 Å，钼的自由原子电子层结构为 $1s^2 2s^2 2p^6 3s^2 3p^6 3d^{10} 4s^2 4p^6 4d^5 5s^1$。钼的主要物理性能参数见表 1.1[19]。

表 1.1　钼的主要物理性能参数[19]

名称	数值	名称	数值
原子序数	42	熔点/℃	2622
原子量	95.95	沸点/℃	4639
晶体结构	体心立方（bcc）	热导率/（W/（m·K））	138
晶格常数/Å	3.1467～3.1475	热膨胀系数/℃⁻¹	5.3
原子半径/nm	0.139	线膨胀系数/℃⁻¹	$(5.8～6.2)×10^{-6}$
密度/（g/cm³）	10.22	熔化热/（kJ/kg）	27.6
电阻率/（Ω·m），25℃	$5.2×10^{-8}$	再结晶开始温度/℃	800
比热容/（J/（kg·K））	272.35	电导率/（S/m）	$1.79×10^7$
电子逸出功/eV	4.37		

1.2.2 钼的化学性质

1. 钼与氧的作用

钼在化合物中具有 6 种价态，分别为 0、+2、+3、+4、+5、+6 价，最常见的价态是+5 和+6 价。钼的低氧化态化合物和高氧化态化合物分别为碱性和酸性。+6 价是钼的最稳定价态,除了 0 价外的其他价态为次稳定价态。钼在室温时较稳定,不容易被氧化,但在高温时极容易被氧化[20]。在室温下,钼的性质很稳定,但温度升高至大约 400℃ 时会发生轻微氧化,温度高于 600℃ 时在空气或者氧化性气氛下容易快速被氧化,生成的 MoO_3 升华后对氧化作用有促进效果,导致氧化腐蚀,极大地约束了钼在空气和氧化性气氛中的应用。温度高于 700℃ 时,水蒸气会将钼快速氧化成 MoO_2。不同温度下钼的氧化物见表 1.2。

表 1.2 不同温度下钼的氧化物

温度/℃	氧化物
—	MoO_2
<530	Mo_5O_{14}
<560	$Mo_{17}O_{47}$
<615	Mo_4O_{11}
600~749	$Mo_{18}O_{52}$
750~780	Mo_9O_{26}
—	MoO_3

2. 钼与氢的作用

钼在纯 H_2 氛围下极其稳定,加热温度提高至钼的熔点时,两者都不会发生化学反应。但是在加热过程中,一定量的氢气会被钼接收形成固溶体。

3. 钼与硫的作用

钼在含硫气氛中的行为与气氛的性质有关。在还原性气氛下,钼的表面会生成一层黏附性好的硫化物,能够在高温下抵抗硫化氢的腐蚀[21, 22]。但对于氧化性气氛,钼却没有良好的耐蚀性。

4. 钼与酸碱的作用

钼的表面状态决定了其在电化学序中的位置。钼在酸性溶液中钝化处理后,电势值为正;而在碱性溶液中阴极处理活化后,电势值为负。在室温下,盐酸和硫酸对钼无法腐蚀。但在 80~100℃ 下,盐酸和硫酸对钼会有一定的腐蚀效果。钼在氢氟酸中无法被腐蚀,但当氢氟酸与硝酸混合后,便可以快速地将钼腐蚀。钼的溶剂为硝酸、硫酸、水(体积比为 5:3:2)的混合物。在低温时,钼会以缓慢速率溶于硝酸和王水中,而在高温时溶解速率加快。在室温下,苛性碱的水溶液对钼的腐蚀效果甚微,但在加热时会对钼有较轻腐蚀。在有氧化剂存在的熔融态苛性碱中,钼会被迅速腐蚀。表 1.3 列出了钼在不同酸碱介质中的腐蚀情况[23]。

表 1.3 钼在不同酸碱介质中的腐蚀情况[23]

介质	环境	腐蚀速度
盐酸	25℃；70℃；100℃	稳定；1.1×10⁻⁶ m/年；3.6×10⁻⁶ m/年
硫酸	25℃；70℃；250℃	稳定；8.2×10⁻⁷ m/年；3.7×10⁻⁶ m/年
氢氟酸	25℃；100℃	稳定；2×10⁻⁵ m/年
硝酸	25℃	在氢氟酸和硝酸中迅速溶解，在王水中会腐蚀缓慢，在体积比为 $HNO_3:H_2SO_4:H_2O=5:3:2$ 的混合酸液中腐蚀迅速
苛性碱	25℃；大于 600℃	耐腐蚀性能稳定，碱中有氧化剂时会迅速氧化

1.3　钼粉末冶金制备概述

　　粉末冶金技术是一种重要的高性能材料制备技术，不仅能精确调控材料的成分配比，改变工艺参数，控制制品孔隙度，而且能获得具有多种性能的结构材料、功能材料和复合材料[24]。目前常采用粉末冶金技术制备钼制品，优点包括：①粉末冶金技术所得的钼坯锭中晶粒细小均匀，杂质在晶界的偏析不严重，杂质的危害较小，有利于后续加工；②粉末冶金技术将粉末直接加工成各种形状的制件，金属的实收率高；③对于小批量、小规格的产品，粉末冶金技术具有更大的灵活性。因此，90%的钼制品均采用传统的粉末冶金技术生产[25]。

　　钼的粉末冶金工艺过程包括粉体预处理、筛分、装料压制、烧结、热加工等过程，具体如图 1.1 所示，由于钼的抗氧化性能差，所以其烧结过程在氢气保护气氛下进行。

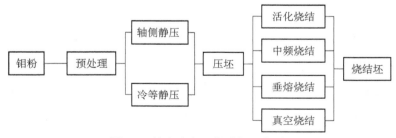

图 1.1　粉末冶金工艺过程示意图[25]

　　钼粉体预处理一般通过还原性气氛，去除粉体中的水分、氧化物杂质和碳，提高粉末纯度；同时还能消除粉末的加工硬化，稳定粉末的晶体结构[26]。压制包括轴侧静压或冷等静压（cold isostatic pressing，CIP）。轴侧静压往往会造成压坯上下各处的密度分布极不均匀，甚至造成压断层、断裂报废的情况。而冷等静压使压坯各向受力均匀，可缓解压坯各处密度分布不均的问题，从而提高压坯的致密性和强度。对于钼金属坯料的烧结，其快速致密化过程发生在高温保温阶段，所以烧结温度和烧结时间的选择就尤为关键。如果烧结温度过高或者烧结时间过长，都会导致钼晶粒过度粗大以至于性能不能达到要求。因此，合理优化粉末冶金烧结工艺参数，制备晶粒细小、组织性能均匀、孔隙分布均匀、无杂质富集的高密度材料，才能有效提高钼金属的塑性性能。常规制备钼制品的烧结温度为 1950～2300℃[27]。

钼烧结坯制备过程中，钼粉的粒度、形貌等因素对烧结坯组织和性能有显著影响。李光宗等[28]重点分析了钼酸盐制备钼粉过程中钼粉的微观组织演变规律，发现钼粉的形貌可以通过煅烧来改变，或者减少原料中的杂质元素提高纯度，减少中间加工过程中的影响，可以控制钼粉形貌、提高质量。邓自南等[29]通过改变烧结工艺、轧制方式对液晶显示器（LCD）钼靶材的组织性能演化规律做了研究，结果表明，选择钼粉粒度粗细搭配，通过等温烧结和轧制变形率大于 70%的单向轧制得到的钼板材的组织性能满足 LCD 溅射靶材的使用要求。刘仁智等[30]研究了粉末冶金制备工艺中钼粉的种类对坯料性能的影响规律，通过织构和断口形貌分析大小粒度搭配的钼粉得到的烧结坯织构更多，提高了烧结坯强度。根据加工工艺的不同可以将钼金属分为两种状态：烧结坯和加工态（轧制、锻造、挤压等）。目前钼制品的制备大多采用粉末冶金制备工艺，具有投资少、收益快、效率高等优点，但粉末冶金制备得到的钼烧结坯的密度及力学性能较低，无法直接工业应用。通过制备加工的塑性加工工艺将烧结中形成的孔隙闭合，将板坯中的夹杂物进行破碎，改善坯料中的缺陷集中情况，同时可以将粉末冶金制备出的大晶粒破碎、细化，最终形成均匀细晶组织，提高密度、室温及高温力学性能，扩大其使用范围。

1.4 钼粉末冶金过程研究现状

1.4.1 钼的脆性机理

钼的本征脆性问题主要由于体心立方钼晶格中存在定向的原子键组分。其中钼晶格具有原子键的双重性，即 d 电子层不对称分布所表现的定向共价键属性和最外层 s 电子呈现的金属键属性[31]。如图 1.2 所示，钼原子的最外层和次外层电子均为半满状态，且 4d 电子层表现出非对称分布的共价键特性，5s 电子层的球对称性会表现出金属键特性[32]。因而随温度降低，钼金属的 5s 电子层会由金属键转变为共价键，当温度下降到韧-脆转变温度以下时表现出共价键特性，钼金属晶格阻力增大、位错滑动受到阻碍[33]，更有利于平面滑移位错运动，最终使得钼金属晶界的应力集中，造成沿晶脆性断裂[32]。

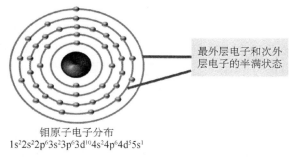

最外层电子和次外层电子的半满状态

钼原子电子分布
$1s^2 2s^2 2p^6 3s^2 3p^6 3d^{10} 4s^2 4p^6 4d^5 5s^1$

图 1.2   钼原子的电子分布示意图

钼的非本征脆性问题，主要是钼的晶界处间隙杂质氧、碳、氮、硼等元素的富集、偏析引起晶格非对称扭曲以及晶界几何结构所导致的。即使采用先进的制备方法和控制手段[34]，钼的等轴晶界处仍然容易聚集间隙杂质元素[35]，这些间隙杂质元素对钼晶界强度、韧-脆转变温度[36]、位错运动和裂纹萌生有强烈的影响作用[37]，最终使钼制品显示出典型的脆性断裂[38]，影响其深加工性能和使用寿命。

实际上，间隙杂质元素对钼的脆性有影响作用。间隙杂质元素在钼中的室温溶解度很低，其溶解度大约为 1.0×10^{-7}wt%～1.0×10^{-6}wt%[39]。有研究利用局域密度泛函理论（density functional theory，DFT）计算了间隙杂质元素对体心立方钼的晶界结合力和晶界结构的影响[40]，表明了间隙杂质元素与钼的能带相对位置产生的杂化程度会导致它们之间的键合特性差异，而元素本身的最终价态结构决定杂化强度的大小。根据计算得到，间隙杂质元素与钼金属形成的共价键使其结合力增强，而形成的极性键则使其结合力减弱[41]。对于体心立方钼，间隙杂质氧和氮更倾向于紧密堆积成非对称结构的晶界，间隙杂质碳元素更易偏析于对称倾斜结构的晶界[42]，由此得出，不同间隙杂质元素对钼的断裂模式影响可能来自于与其相关的晶界结构差异[43]。

间隙杂质氧元素对钼的脆性影响作用最为明显。溶解度为 6×10^{-4}wt%的间隙杂质氧极易偏析在钼的晶界上并形成 MoO_2 单分子层[44]，基体原子之间的键合强度被破坏，钼晶界结合强度降低，造成其沿晶脆性断裂[45]。有研究通过俄歇电子能谱（Auger electron spectroscopy，AES）[38]分析了钼中间隙杂质氧元素的分布状态，发现断裂表面偏析的杂质氧元素在钼晶界处会引起其价电子变化，削弱其钼晶界处的键合作用，促使钼晶界断裂行为[46]。对钼的断裂表面的检测发现[47]，杂质氧元素更容易在其晶界处偏析，使其晶间脆性断裂发生，且杂质氧元素的偏析行为会降低其塑性[41]，其中钼晶界处杂质氧含量的降低和其裂纹尖端钝化的发生，显著增加了其断裂所需的应力值，最终提高了钼的塑性。另外，Waugh 和 Southon[48, 49]通过原子探针层析（atom probe tomography，APT）技术证明了钼晶界上存在杂质氧元素，研究表明杂质氧在钼的晶界偏析会促进其晶界断裂[50, 51]。

相比而言，适量的间隙杂质碳元素在晶界分布使钼断裂模式发生转变，有效提高了钼的力学性能[52]。有文献报道了渗碳处理可以提高钼塑性。在渗碳过程中发生的脱氧作用和碳化物的偏析，以及间隙杂质碳本身对钼的影响[53]，表明了晶界处的杂质碳含量增加有利于钼的韧性提高。尤其在低温状态下（−100∼90℃）的钼[54]，间隙杂质碳含量影响其断裂临界应力和临界温度[41]。一方面，杂质碳原子与氧原子之间的结合能较高，有效降低了杂质氧原子向钼晶界偏析的驱动力[47]，抑制了杂质氧元素向钼晶界的偏析，表明了杂质碳的存在是钼中改善氧致脆化的主要原因[55]。另一方面，碳原子形成碳化物，如 β-Mo_2C、β′-Mo_2C、β″-Mo_2C、$MoC_{1−x}$、MoC 等[32]，对钼基体的界面有强结合力[56]，使钼的塑性提高。此外，杂质碳原子与杂质氧原子比对钼的脆性行为同样有影响作用。当杂质碳原子与杂质氧原子比大于 2∶1 时[17]，碳化物在晶界处析出能够表现出良好塑性，但过量碳原子形成粗大的碳化物沉淀，直接影响钼的脆性。根据钼-碳相图，可以选择合适的再结晶温度来控制扩散进入钼的杂质碳含量，其中杂质碳在钼中的溶解度定量关系式为 $\ln C=16.78−(2.29×10^{−4})/T$，该关系式对确定渗碳退火工艺具有指导作用。Kobayashi 等[57]通过显微压痕实验，分析了不同碳含量对钼晶界处偏析以及晶界硬化的影响，表明杂质碳含量的降低对高角度晶界的硬化程度有明显影响作用，其中低含量碳元素的晶界硬化程度显然高于高含量碳元素的晶界硬化程度[58]。利用从头算方法研究了钼中对称倾斜晶界（symmetrical tilt grain boundary，STGB），随钼晶界处杂质碳原子数量增加，其晶界能量降低[59]。因而间隙杂质碳通过界面诱导共价金属键来增强晶界结合力，对钼晶界两侧晶体互相倾斜的 STGB 结构的形成非常有利[41]。

间隙杂质氮元素主要以氮化物和游离状态在钼晶界沉淀或偏析[60]。在钼掺杂不同氮含量的研究中发现，当间隙杂质氮含量在 $5.5×10^{−3}$wt%时，钼的断裂方式主要是穿晶断裂；当间隙杂质氮含量高于 $5.5×10^{−3}$wt%时，沉淀偏析会造成钼的晶界处出现应力集中现象，从而发生沿晶脆性断裂；当间隙杂质氮含量低于 $5.5×10^{−3}$wt%时，氮元素会使得钼的断裂模式转变为晶间断裂[43, 51]。因而间隙杂质氮元素的偏析能够明显提高粉末冶金法制备钼晶界的脆性和韧−脆转变温度[17]。杂质氮元素在晶界处的沉淀对钼的作用机制包括杂质氮化物影响钼晶界强度导致其裂纹萌生，杂质氮提高钼基体的界面结合力[51,61]，以及通过控制杂质氮含量获得钼的最佳晶界结合强度。然而，杂质氮元素对钼晶界结合力的增强作用非常微弱，随杂质氮体积浓度的增加，杂质氮在晶界处的沉淀能降低钼断裂能量[62]。

间隙杂质硼元素的强化效果与间隙碳元素类似[41]。在不同烧结工艺下对电弧熔炼钼中常用的脱氧添加剂碳、硼和硅元素进行实验探索。将杂质碳、硅和硼元素与钼粉末混合后，发现添加 100 ppm（parts per million，百万分之一）的杂质硼元素能显著细化钼晶粒。说明了当添加少量硼元素进行烧结后，发生再结晶的钼具有极强韧性[63]。基于第一性原理计算，杂质硼元素偏析在钼晶界处并增强界面结合力[40,41]。Leitner 等[64]在研究钼晶界偏析现象时，利用烧结钼进行了杂质硼和杂质碳元素的掺杂，如图 1.3 所示，通过原子探针层析技术观察到钼晶界处偏析大量碳和硼元素。结合吉布斯界面过剩值发现，掺杂的杂质硼元素使得钼具有较低韧−脆转变温度并且断裂模式发生转变，证明了杂质硼元素在钼晶界处偏析对力学性能具有显著强化作用。Jakob 等[65]通过添加杂质硼元素，对钼进行了三点弯曲实验，发现了杂质硼元素能够增强钼晶界内聚强度，使其晶界裂纹数量减少到三分之一，并且在三点弯曲实验后卸载的钼上，仅观察到穿晶断裂现象，说明了杂质硼元素对钼的脆性有所改善。

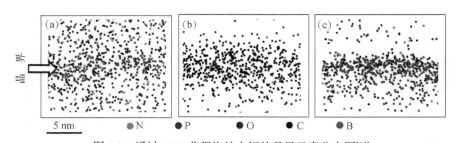

图 1.3 通过 APT 获得烧结态钼的晶界元素分布图[64]

（a）取向差为 49°的钼晶界；（b）取向差为 44°的 MoC 晶界；（c）取向差为 50°的 MoB 晶界

另外，Scheiber 等[66]计算了 bcc 中钼的晶界偏析功和自由表面能，评估了其脆性区域的沿晶或穿晶断裂的倾向，分析了铁金属和钨金属之间断裂模式。相比于其他难熔 bcc 金属，如图 1.4 所示，利用 DFT 计算的钼和铁金属具有最低的晶界偏析功，说明了钼晶界结合强度较低。并且该钼晶界能量、晶界过剩体积、晶界处偏析功及其各向异性与实验符合得较好。通过 R 值（$R = \dfrac{W_{\text{sep}}}{2\gamma_{\text{FS}}^{\text{PCP}}}$，其

中 γ_{FS}^{PCP} 表示选择最优的金属表面能）判断钼的断裂模式，能够准确计算得到钼晶界处能量与其取向差和断裂模式的相互依赖关系。如图 1.5 所示为 R 值的计算结果，当计算 R 值接近于 1 时，钼更容易发生穿晶解理断裂，而当 R 值小于 1 时，钼倾向于发生沿晶断裂，说明了钼断裂模式主要为沿晶断裂[67, 68]。通过从头算方法对钼晶界处杂质氧、碳和氮元素的偏析研究发现，这些杂质元素表现出在其晶界周围偏析的倾向，且这种偏析行为与晶界处低电子密度有关。这有助于理解钼中杂质元素可能引起的强化或弱化，并且该计算可能与实验上观察到的钼晶界处形成的氧化物和碳化物相联系[69]。

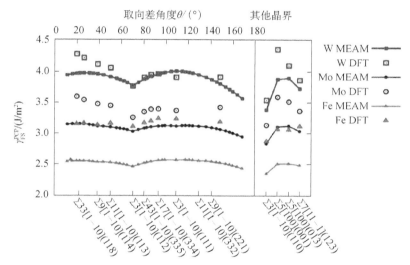

图 1.4　钼、钨金属和铁金属中不同晶界的晶界偏析功计算结果[66]

MEAM：修正嵌入原子法

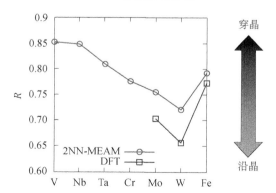

图 1.5　比较修正嵌入原子法和 DFT 中所有晶界的 R 值[66]

2NN-MEAM：第二近邻修正嵌入原子法

综上所述，钼的本征脆性和间隙杂质氧、碳、氮、硼元素偏析的非本征脆性是影响其脆性问题的主要因素。其中间隙杂质氧和氮元素对钼的晶界具有明显弱化作用，使其晶界结合力降低，特别是杂质氧容易偏析晶界和促进其晶间断裂。而适量杂质碳和硼元素在晶界偏析使得钼断裂模式改变，强化晶界结合，提高钼的强度和韧性。因此，改善钼的脆性问题，控制间隙杂质氧、碳、氮、硼含量，优化钼的塑性方法也成为必然趋势。

目前主要采用合金化方式改善钼的脆性问题[51, 70-72]。主要的强化方式包括固溶强化[73, 74]、颗粒弥散强化[75-78]、气泡强化[79]、复合强化[80]等。这些强化方式很大程度上改变钼的显微组织结构，改变了间隙杂质氧、碳和氮元素的分布及其化合物的形成，从而增强钼的晶界结合能力和增加钼中位错的迁移阻力，提高其塑性变形抗力和抗断裂能力。然而，钼在粉末冶金法制备过程中出现的脆性断裂，特别是杂质氧在钼的晶界偏析和促进晶间断裂等相关问题研究较少。杂质氧在钼中的分布和杂质化合物的形成是影响其微观组织结构以及力学性能的关键因素，因此探究杂质氧含量、分布及其对钼的组织与性能影响，优化钼的塑性方法也成为必然趋势。

1.4.2　钼的塑性变形行为研究进展

钼的高硬度、高变形抗力和极强的原子间结合力、高脆性等导致其不易被塑性加工成形。钼金属在高温变形过程中微观组织结构会因加工硬化、动态回复（DRV）和动态再结晶（DRX）等共同作用而发生复杂的变化，这些复杂的变化决定了其变形后的组织和性能[81]。因此，本研究首先清楚不同成形温度、速度、应变速率时钼的形变行为，然后制定最佳的热加工工艺参数，最终对钼的高温塑性变形行为进行研究[82, 83]。

1. 钼的高温压缩变形行为研究进展

研究钼的高温压缩变形行为的两个重要因素包括：①确定最佳热加工条件；②解释高温下变形的微观机制[84-88]。近年来，热模拟技术手段是一种较成熟的物理模拟技术，广泛应用于锻造、轧制、焊接和热处理等方面[89]，借助热模拟试验机来研究钼金属在高温下的压缩变形行为是一种重要的手段。

钼试样在 Gleeble 热模拟试验机中的变形温度是由电阻加热法来控制，其原理如图 1.6 所示[90]。热模拟试验机能够准确控制加热速度、温度、变形量及道次的停留时间，并确保钼试样以恒定速率变形，最高加热速度为 10000℃/s，并且可以保证整个变形加热区中温度均匀，另外可以保存相关的动态和瞬间数据[91]。

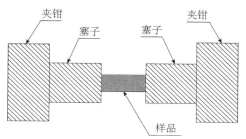

图 1.6 热模拟压缩试验装置示意图[90]

Chaudhuri 等[92]在 1400~1700℃温度范围内进行单轴压缩实验来研究钼的高温热变形行为，如图 1.7 所示。研究表明：由应变速率敏感指数（m）图和相关电子背散射衍射（EBSD）揭示了存在两个高 m 值域，一个在约 1400℃，应变速率为 0.1 s^{-1}，另一个在 1700℃，应变速率为 0.01~1 s^{-1}。动力学分析表明，钼的表观活化能为 390 kJ/mol，应力指数为 8.5。

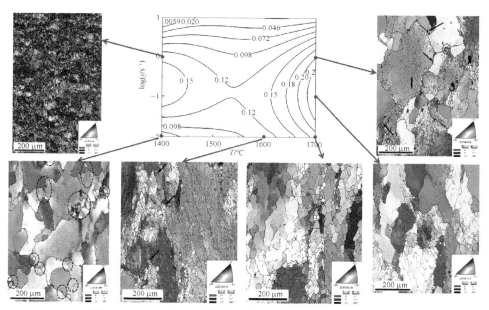

图 1.7 EBSD 在 SRS 图中标记的不同条件下变形的样本[92]

Xiao 等[93]使用 Gleeble-1500 型热模拟试验机在温度为 900~1450℃、应变速率为 0.01~10 s^{-1} 的变形条件下对钼进行热模拟压缩实验。研究表明：在温度和应变速率较低时变形，动态再结晶（DRX）现象不明显；在应变速率固定时，变形温度的升高会导致再结晶晶粒的体积分数的增加。通过对实验的真应力-应变曲线进行研究发现，粉末冶金制备的钼的动态再结晶（DRX）软化效应发生在 1200～1450℃的温度范围内，应变硬化指数 n 的值随着温度的升高而降低。应变速率敏感指数（m）值先缓慢上升，在 1350℃达到峰值，而后出现下降。研究者指出了变形强化是钼低温变形时的主要强化机制，流变强化则为高温时的主要强化机制。

根据 Cheng 和 Nemat-Nasser[94]提出的本构模型，Cheng 等[95]在 300～1100 K 的温度范围内，对钼的动态和准静态应力−应变关系以及在高、低应变速率下钼的塑性变形行为进行了研究，并对钼的力学行为进行了统一的本构描述。研究表明，在塑性变形过程中，随着温度的升高，溶质迁移率增大，局部势垒的活化能和最大强度随应变速率和温度的变化而变化，并指出了钼在不同应变速率下变形时，其变形机制并未有明显变化。李宏柏等[96]利用 Gleebel-3800 热模拟试验机，在温度为 1100～1250℃、应变速率为 11.5～23 s^{-1}、应变为 0.7 时对钼进行了压缩实验，分析了不同变形温度和变形速率对流变应力的影响。研究表明：钼在所研究的变形条件下变形时，应变速率对流变应力的影响不明显，变形温度和变形程度对流变应力有着决定性的影响作用。另外，运用多元线性回归分析法建立了钼流变应力的本构方程，验证了本构方程的相关系数为 0.963，表明使用此方程可以较为准确地描述钼在 1100～1250℃的热变形行为。

Cheng 和 Nemat-Nasser [94]利用 Gleeble-1500 型热模拟试验机在 1333～1573 K 的变形温度范围内对钼板坯进行热压缩实验，温度增量为 353 K，热应变速率为 0.01～10 s^{-1}。利用 Zener-Hollomon 曲线和双曲正弦模型绘制了真应力−应变曲线。研究表明：变形温度和应变速率对材料的加工性能有着显著的影响。他们还研究了真应力−应变曲线、热加工曲线、宏观形貌变化和微观组织演化的相互影响关系。研究指出了实验所用的钼板坯最适合的加工温度为 1493～1573 K、应变速率为 0.01～0.1 s^{-1}。Chen 等[97]在温度为 1100～1400℃、应变速率为 1～50 s^{-1} 时对钼进行热压缩实验。利用人工神经网络（ANN）模型预测上述热变形条件下的流变应力。网络结构包括三个输入参数（应变速率、温度、真应变）和一个输出参数（流变应力）。将钼采用不同模型得到的流变应力与实验数据进行比较，结果如表 1.4 所示。研究表明：相比于 Zerilli-Armstrong（ZA）模型，使用人工神经网络（ANN）模型预测钼热变形行为具有更高的准确性。

表 1.4　钼不同模型的流变应力与实验数据的比较[97]

模型	最大相对误差（MRE）	最小相对误差（LRE）	决定系数（R^2）
ANN	5.63%	0.178%	0.9931
ZA	9.92%	0.851%	0.9558

Primig 等[98]认为，由于钼金属具有较高的堆垛层错能，其再结晶行为受回复过程的强烈影响。因此，预回复的程度被认为会影响随后的再结晶过程。他们通过对线性加热速率在 1～1000 K/min 范围内的冷压试样进行连续加热实验来研究这种影响，目标温度在 800～1300℃之间。研究表明：预回复促进了随后的再结晶进程，在较低的加热速率（1～100 K/min）下，随着加热速率的降低，再结晶晶粒的体积分数增加（如图 1.8 所示）。与此相反，在快速加热（1000 K/min）时，低温预回复可以忽略不计。

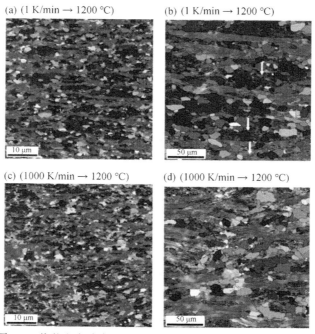

图 1.8　载荷方向冷变形试样持续加热至 1200℃的反极图[98]

国内外研究者在不同温度范围内分别对钼进行了不同应变速率、变形程度的高温压缩实验，得到了钼热压缩过程中相关的真应力-应变曲线，借助在高温压缩变形过程中流变应力随应变增加而变化的趋势及微观结构演变规律来判别钼在热变形过程中的作用机制[99]。通常认为，稳态型曲线是流变应力随应变的增加达到峰值后进入稳态阶段的曲线，动态回复（DRV）是其主要的软化机制；连续软化型曲线是流变应力随应变的增加先急剧增加，达到峰值后开始下降的曲线，动态再结晶（DRX）是其主要的软化机制。国内外目前对钼在高温热压缩过程中变形行为的研究已经取得了一定的进展，许多研究人员利用流变应力-应变曲线的形状来判断钼的高温变形机制，虽然此方法简洁直观，但缺乏更加有力的科学根据[100, 101]。对粉末冶金钼的高温热压缩变形过程进行深入研究，以下两方面问题亟待解决：①通过流变应力–应变曲线的变化趋势来粗略判断流变软化机制的方法缺乏直接的科学依据，因而要探究更具有科学依据的判别手段，定性地研究钼在高温压缩时的变形行为；②目前的研究工作需对钼金属在大变形量及多道次热压缩过程中的变形行为进行系统性研究，以便于探究整个变形过程中变形行为及微观结构的演变规律，为粉末冶金钼板材的实际生产过程提供更完整的理论依据，优化加工工艺，提高成品率。

2. 钼的高温拉伸变形行为研究进展

通过比较钼的高温压缩和拉伸过程可知，其在拉伸变形中的抗拉强度较低，这是 bcc 金属的典型行为[102-104]，与塑性变形过程中出现不同的机制有关[105]。钼的高温拉伸变形相对于压缩变形展现出更多的变形行为特点，因而钼的高温拉伸变形同样引起了科研者的关注。

Meng 等[106]在温度为 993～1143 K、温度增量为 50 K、应变速率为 0.0005～0.02 s^{-1} 的条件下，通过单轴热拉伸实验来探究钼板的高温流变行为。图 1.9 揭示了钼热拉伸过程中的应变硬化特性，通过比较测量结果和预测结果来验证建立的本构方程的准确度，最大平均误差和相关系数分别为 3.2% 和 0.979，研究表明：建立的真应力–应变本构方程可以精准地对钼的高温流变行为进行估算。另外，在低于 1093 K 的温度和较低的应变速率下会发生软化作用，在高应变速率和较低温度下加工硬化起主要作用。

Fang 等[107]在 300～750℃ 的温度范围内对变形钼进行原位单轴拉伸实验，并采用扫描电子显微镜（SEM）进行观察。研究表明：在实验温度范围内，粉

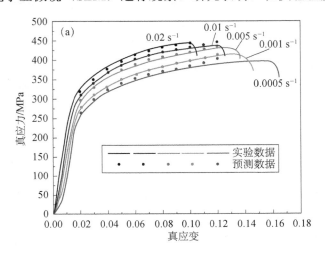

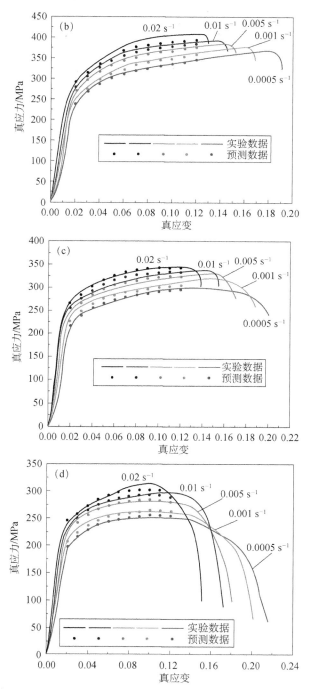

图 1.9　在（a）993 K，（b）1043 K，（c）1093 K 和（d）1143 K 的温度下，
预测数据与钼片的实验数据的真应力–应变曲线之间的比较[106]

末冶金钼的拉伸强度和断裂应变都在 300℃ 时达到峰值；断裂应变和强度随着温度继续升高开始下降。原位 SEM 观察表明，在较低温度（300℃，450℃，600℃）下，由滑移带堆积引起的应力集中不能完全释放，造成晶间出现微观裂纹；交叉滑移更易发生在温度较高时，最终形成了亚结构。从裂纹传播路径和断口形貌可以得出：变形钼在 300℃ 时的断裂类型为解理断裂，而在 450℃、600℃ 和 750℃ 时为混合断裂和塑性剪切。Scapin 等[105]为了获得有关材料热软化的信息，使用纯度不小于 99.97%的两种粉末冶金钼，在不同温度下（25～1000℃）的静态和高动态加载条件下进行了一系列的拉伸测试。使用霍普金森杆技术和感应线圈系统对样本进行动态加热测试。研究表明：当温度与应变速率在较大的范围内变化时，不能定义唯一、标准的塑性变形模型来表示粉末冶金钼在不同载荷条件下的材料强度行为。

通过对国内外粉末冶金钼的热拉伸模拟实验分析来看，所得到的真应力-应变曲线同样揭示了不同条件下钼在拉伸过程中的应变硬化特性。在高温和低应变速率下会发生软化现象，而在低温和高应变速率下加工硬化起主要作用。相对于钼的热压缩模拟实验来说，其热拉伸模拟实验所涉及的温度范围更大，研究发现：不能定义一个标准的塑性变形模型来描述温度及应变速率在大范围变化时钼的变形行为。对钼拉伸应变强度、断裂应变及断裂类型的研究发现，粉末冶金钼的拉伸强度和断裂应变都在 300℃ 达到峰值，此时为解理断裂，而在 450℃、600℃ 和 750℃ 时为混合断裂和塑性剪切。

3. 钼的变形织构研究进展

Pyshmintsev 等[108]的研究表明，材料在加工时会产生变形织构。Chen 等[109]研究了变形量对钼棒微观组织、变形织构的影响。研究表明：锻造变形有助于提高钼棒横截面延伸率和显微硬度。原始钼棒以 〈110〉 织构为主，变形后转变为 〈100〉 和 〈111〉 织构。谭望等[110]的研究表明，钼棒锻造后产生的 〈100〉 和 〈111〉 取向织构有助于改善横截面方向的延伸率。Wang 等[111]对钼在压缩变形中的织构取向也进行了研究。尤世武[112]的研究表明：在大变形量下钼以{111}织构为主，具有这种织构的钼板有着良好的深冲性能。Hünsche 等[113]研究了钼板材微观织构与变形量和退火温度的关系，研究表明：板材中心的轧制织构特征是一种取向为{100}的强 α 织构，另外还存在一种弱的 γ 织构。在再结晶过程中，织构变化不明显。随着退火时间的延长，所有的织构强度都有所减弱。

Oertel 等[114]的研究表明，钼在较低压下率单向轧制时会生成 α 织构，随着压下率的增加会转变为{112}〈110〉织构。Lobanov 等[115]的研究表明：1100℃

下，变形率为 90% 的热轧钼板织构以 {001}〈110〉，{112}〈110〉，{111}〈112〉，{111}〈110〉为主。Primig 等[116]通过电子俘获化学电离（ECCI）和 EBSD 研究热轧钼板材的织构变化。研究表明：α 织构亚晶是热轧后最大的亚晶，其静态粗化动力学过程比 γ 织构晶粒要慢，γ 织构晶粒尺寸比 α 织构要小得多，但有较高的储能。此外，位于晶粒内剪切带的其他取向的亚晶粒似乎具有生长优势，这导致轧制织构减弱。

综上所述，钼由于性能优异，广泛应用于航空航天、电子器件、核工业等重要工业领域，但它的制备工艺研究尚处于初级阶段，相关的应用领域仍面临着巨大挑战。目前，对于钼变形行为的研究主要依赖于热模拟变形实验，国内外学者的研究已经取得了一定的成果。但是，影响粉末冶金钼高温变形行为的因素较为复杂。从宏观上来看，变形行为主要受变形工艺参数的影响，如温度、应变速率及应变程度等。从微观上来看，变形行为主要受动态回复（DRV）、动态再结晶（DRX）等方面的影响。现阶段针对钼的大塑性变形过程中变形行为及显微组织演变等方面的研究仍存在大量问题。今后对钼的塑性变形行为的研究方向应重点放在以下几个方面：

（1）在实际钼板材加工过程中，钼烧结坯轧制时的总变形率往往超过 90%，因此钼塑性变形过程中变形行为的研究对整个加工过程来说十分重要。对于钼变形过程的研究而言，综合考虑高温变形过程中各种热力学参数和微观组织的演变规律，采用具有较强科学依据的透射电子显微镜（TEM）和 EBSD 等实验手段并与变形过程的真应力-应变曲线相结合来确定其高温变形过程中的变形机制。

（2）动态回复（DRV）与动态再结晶（DRX）的耦合作用会导致宏观变形行为和微观组织变化存在不确定性与复杂性，另外，产品的质量水平、相关力学性能等与其微观组织息息相关。在钼的热变形过程中，也存在着如加工硬化等强化机制。因此，对变形过程中显微组织的进一步研究有助于更加直观地了解钼金属在塑性变形过程中的强化机制及显微组织变化规律。

（3）钼金属在塑性变形过程中，流变应力、微观组织、力学性能与取向织构之间的对应关系研究相对较少，缺乏系统性。因此，需要深入探究变形织构与变形钼板材微观组织、力学性能之间的关系。

因此，针对钼在热加工变形过程中的影响因素（温度、应变、应变速率），立足工业生产实践的技术积累，通过热压缩实验制备不同变形条件下的钼热压缩试样，建立钼的高温真应力-应变本构方程；探讨在不同变形条件下钼的微观组织、力学性能与取向织构的演变规律与相互作用，以期对钼加工工艺系统性及生产实践起到指导意义，并为钼金属的发展趋势提供可靠的理论参考。

1.4.3　钼板材有限元模拟研究进展

钼板材加工工艺是高度复杂的金属成形过程，如何通过多道次轧制生产出优质板坯具有重要的研究意义。热轧开坯时钼板由烧结态转为加工态并且逐渐致密化，并发生了塑性大变形，同时伴随众多参数的变化，其影响因素众多，很难用数学解析式完整表达[117-119]。而钼的价格昂贵，传统的实验方法在研究过程中耗费大量原材料，并且所得数据仅在特定条件下准确。随着现代计算机技术的发展突飞猛进，有限元模拟在轧制过程中的作用越来越被研究人员所认可[120-122]。有限元模拟在轧制过程中的板形控制，以及轧制过程中的金属流动、温度场、应力应变场和载荷变化分析等方面有着十分重要的作用，这是传统的实验方法无法相比的。

所谓的有限元法（finite element method）是指将连续同质化实体划分为有限个独立单元计算域之后，基于数学形式的微分方程求解离散化单元以及节点场量的矩阵运算过程。当前基于有限元法的程序化工业软件有 ANSYS、Marc 和 Deform 等，其在帮助科研人员把握新材料认知方向和挖掘材料新潜在价值方面具有十分重要的作用。其中由美国 MSC Software 研发的高度非线性集成化软件 Marc 在类似于轧制、锻造等大塑性形变问题上，求解能力独树一帜，为复杂工件以及严苛工况下的热成形矩阵求解问题提供了良好的开发平台。其在学术界和工程界实现新材料的研发和阶段性探索上均具有重要的模拟运算能力以及破解精度。与其他平台不同的是，Marc 软件集几何参数化建模、六面体/四面体网格划分、边界条件设定与后处理分析于一体，非线性求解能力非常优秀，具有很强的开放性和友好的处理界面，极大地降低了研发人员从模型构思到仿真求解的计算难度。

轧制作为大多特种深成形的典型，一直以来都是人们关注的关键工艺，有热轧、温轧、冷轧之分。基于再结晶温度以上的热成形问题比冷轧复杂得多，因为其不仅牵涉到几何与材料的非线性，更多的是温度在三维空间受三种基本传热方式的影响而引起边界条件的复杂度增加。传统的轧制模型假定以板料为塑性或弹塑性模型，各向同质且质地均匀；轧辊则为强度远大于板料的刚性或可传热刚性件。此外，若关注轧辊磨损或受接触应力的影响，会将辊件设置处理为弹性构体的模具应力载荷模型进行分析。考虑到板辊接触界面复杂的机械摩擦行为，前期的边界处理主要以剪切或库仑摩擦模型为参考[123, 124]。后来人们深入地引进更为细致的界面混合摩擦系数，例如，将界面传热系数认为是温度与接触压力的函数，考虑界面润滑、冷却水等假设[125]，其一定程度上增加了计算迭代的复杂度，但对于提高计算精度、还原板材成形仿真本质、客观揭示接触界面摩擦学特征和分析板材表面层应力分布，均具有重大的指导意义。在算法方面，通过使用任意拉格朗日−欧拉（ALE）方法改进以往更新的拉格朗日[126]思路来提高运算效率。以上种种因素的细化，极大地提升了钼板材成形的计算效率，为新材质的更高性能要求以及缺陷预防提供了便利。

目前，国内外关于难熔钼金属加工的有限元探索尚处于初级阶段。Priel 等[127]研究了钼通过等通道转角挤压（ECAP）后的温度场与变形场耦合行为，结果表明，径角部位由于存在较强的能量变形使得高塑性应变率由此发生，而即使不同部位存在等量的塑性应变，温度场的差异也会导致微观组织显著不同。王雪[128]在离散元 PFC-2D 平台上研究了钼粉包套的 ECAP 过程。在细观尺度上重点针对颗粒流动的应力应变场、流速场、孔隙率以及配位数等进行了分析。结果认为，大的剪切形变和静水压力可显著提高钼粉致密性，其中静水压力对孔隙率修复存在压缩极限，而剪切变形可有效提高颗粒间配位数和相对密度。另外，Kleiser 等[103]首次对多晶钼进行了冲击速度为 140～165 m/s 的高速泰勒冲击实验，构建了以钼塑性特征为主的本构模型（即拉伸/压缩不对称性和塑性各向异性），采用隐式算法模拟了整个动态形变历史，充分分析了压力随时间的演化、局部塑性应变率分布以及向准稳态形变的动态过渡历程等规律。

郝健[129]为减少钼板边裂，在防止轧废方面提出了不同轮廓的辊形（直线形、三次连续变凸度（continuously variable crown，CVC）辊形、板形平直度控制（SMART crown）辊形），并借助 Deform 试探性地模拟了不同辊形对钼板成形性能的影响。此外，通过正交实验还提出了一种优化设计的辊形，该辊形与其他辊形相比，可使钼板产生"深海应力"，板边缘损伤度降到最小。徐忠兰和郝健[130]借助 Deform 开发了正弦形辊对钼板的轧制模拟，同样也使用正交实验提出了优化方案。其认为，板材周边部分是最大破坏位置的高发区，开坯温度是影响该工艺下破坏的首要因素。李宏柏[131]针对单道次钼板轧制提出了最优的工艺参数（轧制温度为 1250℃，压下率为 25%，轧制速率为 750 mm/s），随后重点针对多道次换向轧制进行了讨论。不同道次间场规律也同样揭示了交叉轧制对钼板成形的优越性，轧后板材经 850℃ 退火热处理后综合性能表现良好。

综合分析来看，当前虽然已有部分对钼的 ECAP 和钼板轧制的探索，但研究非常有限，分析与解决问题的难度依然较大，尤其是在极短时间内严苛的加工环境中板料的成形缺陷预测、工艺参数优化等亟待提出合理调控方案。实验与模拟结合的成形方式虽有部分尝试，但是依然存在实质性缺陷。例如，受温度影响，大尺寸宽幅化板生产难度依然较大；场量分布均匀性调控依然存在问题；钼板材表观成形缺陷预防尚不完善等。因此，通过计算机技术，提出合理的加工参数和优化工艺路径，将对提高钼板产品深加工性能与高新技术含量有很大的帮助。

1.4.4 钼板材轧制加工性能研究进展

轧制工艺是钼金属生产最广泛应用的一种加工方法，由于其生产比较方便、效率高、操作简单、板材尺寸精度高等优点，目前被广泛应用于钼板材的生产。国内钼产品以钼资源和初级产品为主，深加工产品种类比较少，深加工产业远远落后于国际先进水平。国内钼板材生产存在的主要问题是生产线装机水平不高，生产工艺和精整设备配置不完善，产品表面质量不高，整体产品均匀性较差，板材性能与国外差距较大。大尺寸、高钼金属制品一直是稀有金属行业的高端产品，经济效益非常可观。目前，国内仅有金堆城钼业、安泰天龙、厦门虹鹭等几家企业可以稳定生产幅宽 750～800 mm 钼板材、单重 600 kg 钼板坯。全球范围内深加工钼制品市场目前主要由奥地利 Plansee、德国 HC Stark 等国外公司占有[132, 133]，Plansee、HC Stark 等目前能够生产幅宽 800～1800 mm、长度 1300～1800 mm、纯度 99.99%、氧含量≤30 ppm、单重≥500 kg 的高钼板（靶）材，部分钼箔材厚度可小于等于 0.2 mm。虽然我国钼板材的生产与研究取得了一定成果，但与世界先进水平相比差距仍然较大，急需技术的进步与提升，研究重点还是集中在解决钼深加工材料产业面临的产品同质化问题，调整钼材料产业结构，对钼产业进行升级，实现产品的高性能和高附加值。

王广达等[134]研究了不同交叉轧制工艺对钼板显微组织和力学性能的影响，并和单向轧制钼板进行对比，发现交叉轧制可以显著改善各向异性，使材料具有优良的综合性能。尤世武[112]研究了钼不同冷轧变形量的织构演化规律，结果表明，在变形量较小时，钼板形成了 α 织构；随着变形量增加，α 织构会转变为 γ 线织构，并且织构强度也会增大。在大变形量下，{001}取向会大量地转变为{111}取向，又发现{111}取向织构对钼板深冲性能有益，也表明大变形量的冷轧板材具有更好的深冲性能。朱爱辉等[135]研究了交叉轧制和单向轧制两种工艺制备的 Mo-1 钼板，发现交叉轧制工艺制取的钼板纵、横两个方向上的机械性能较优越，在强度相当的情况下，延伸率有明显提高。交叉轧制可加强钼板内部组织的均匀性和等轴性，这种组织能在进一步加工中保持良好塑性，深冲性能较好。Oertel 等[114]通过扫描电子显微镜、X 射线衍射和拉伸实验研究了不同轧制工艺生产的钼板的显微组织、织构和力学性能，结果表明，单向轧制时

会产生 α 纤维织构（{100}〈110〉），随着变形量增加会转变为{112}〈110〉织构；通过交叉轧制工艺会增强{100}〈110〉织构密度。Primig 等[116]对工业加工的钼板材热轧使其变形率为 60%，然后在 1000℃ 和 1300℃ 经过 10 h 静态再结晶退火，通过 ECCI 和 EBSD 研究热轧钼板材的再结晶动力学和织构变化，结果表明，与 γ 织构相比，热轧后起初的 α 织构储存的能量更高，静态粗化动力学过程更慢。

随着复合技术、材料设计等新技术在钼板材生产和研究方面的应用，我国在钼板带材加工方面取得了一定的成就，但国内钼板材生产仍然存在一些问题：生产线装机水平不高，生产工艺和精整设备配置不完善，产品表面质量不高，整体产品均匀性较差，板材性能与国外差距较大。可生产的板带材幅宽一般都在 600～800 mm 以下，产品表面质量不高，生产线装机水平不高，精整设备配置不完善，特厚板及薄板性能同国外产品差距较大。幅宽 1000 mm、长度2000 mm 以下规格的钼板占全国钼板材市场份额的 80%以上。这些钼板以冷轧板为主，用于高温炉发热体、隔热屏、汽车散热片、高温结构件及一些功能元件等，而目前国内能生产幅宽 1000 mm 的企业极少[136]。

综合来看，我国科技水平的不断提高，给钼板材加工技术的发展带来新的机遇，也对板材的性能、尺寸公差、表面质量、制造成本等提出了新的挑战。未来，我国研究重点还是集中在解决钼的深加工产品同质化问题，调整钼材料产业结构，对钼产业进行升级，实现产品的高性能和高附加值。

针对轧制工艺的影响因素，立足工业生产实践的技术积累，通过单向轧制（热加工、温加工、冷加工）制备不同变形量的钼板材，分析轧制的变形量对冷轧板材组织及性能的影响，并对大变形量钼板材在轧制过程中组织的演变规律进行研究，以期对钼轧制工艺系统性的完善及生产实践具有一定的指导意义。

1.4.5　热处理工艺对钼板材组织与性能影响研究进展

热处理工艺包括加热、保温和冷却阶段。根据保温温度和冷却方式，普通热处理方式可分为正火、淬火、回火和退火。在钼板材生产过程中涉及的热处理工序有：轧制后的回火，减轻轧制产生的加工硬化，保证后续轧制的压下量；最后成品的热处理，释放板材中储存过多的形变能，降低变形抗力，均匀组织，提高板材使用寿命。其中，再结晶温度以上的退火，可以提升材料的综合性能，常作为金属材料加工与制备过程中调控钼板材微观组织与性能的重要工序。

热处理需要加热设备和加热介质。热的传递方式有传导、对流和辐射，不同的热处理设备根据加热传导的方式有所差异，选取的加热介质有空气、燃气、保护气体、滚动粒子以及真空气体等，具体气氛的选用根据需要热处理产品的要求进行确定。从国内外的热处理现状来看，真空热处理、激光热处理、可控气氛热处理以及流动粒子热处理在钼板材热处理上具有很大的优越性，它们基本上解决了钼板材氧化问题，避免了传统马弗炉无法控制加热气氛而导致氧化的问题。

随着热处理的进行，钼金属组织内部会发生回复和再结晶。当变形钼金属的加热温度较低时，组织内部变形引起的晶格畸变减弱，晶粒内部位错密度减小，但钼金属的宏观外形和微观晶粒的形状并未发生变化，力学性能基本保持轧制态性能，变形强化的状态基本保留下来。金属热处理发生再结晶的前提条件是钼金属发生超过临界变形量的塑性变形。钼金属发生塑性变形过程中，外力所做的功绝大部分转化成热能，以热的形式散发，还有一小部分以形变储存能的形式保存在变形的钼金属中，驱使变形钼金属发生再结晶。当加热温度超过钼金属的再结晶温度时，原来钼金属中变形的晶粒将形成新的、等轴无畸变的晶粒。形核和晶粒长大最终使钼金属发生再结晶现象。变形金属中再结晶形核过程是复杂的，经过不断的探究，晶界弓出机制、亚晶合并机制和亚晶蚕食机制这三种再结晶的形核机制是目前比较认同的三种机制[137]。为了表征热处理过程对金属再结晶所产生的影响，Johnson 和 Mehl[139]在 Kolmogorov 研究的基础上，假设再结晶形核机制为均匀形核且形状是球状，形核速率 $N\dot{N}$ 和晶粒长大速率 $G\dot{G}$ 恒定，在恒温下保温一段时间 t 后，再结晶体积分数 X 可用 Johnson-Mehl 式子表示[139]：

$$X = 1 - \exp\left(\frac{-\pi \dot{N} \dot{G}^3 t^4}{3}\right) \qquad (1\text{-}1)$$

与 Avrami[139-141]的研究相结合，Rollett 等提出了用于描述再结晶动力学和衡量再结晶体积分数、形核、晶粒长大之间关系的 Johnson-Mehl-Avrami-Kolmogorov（JMAK）方程[142]，具体如表 1.5 所示：

$$X = 1 - \exp\left(\frac{-f \dot{N} \dot{G}^3 t^4}{4}\right) \qquad (1\text{-}2)$$

将式（1-2）简化后得

$$X = 1 - \exp(-Bt^n) \qquad (1\text{-}3)$$

其中，$B = \dfrac{-f \dot{N} \dot{G}^3 t^4}{4}$；$n$ 为 Avrami 指数，常表示形核速率。而式（1-3）常常被称为 JMAK 方程。假设形核的晶粒在三个维度上生长，根据式（1-2）可知

$n=4$。再结晶发生形核和晶粒长大是微观的原子被热激活的过程，在宏观上表现出晶界移动，因此有必要确定金属原子需要被激活而发生运动的激活能 Q。一般形核激活能（Q_N）和晶粒长大激活能（Q_V）数值差别不大，所以用 Q 表示再结晶激活能。使用 Arrhenius 方程来表示再结晶速率 v 与温度 T 的关系，则有

$$v = Ae^{-Q/RT} \tag{1-4}$$

而再结晶速率和产生再结晶体积分数 X 所需的时间 t 之间呈现出反比例关系，则有 $v \propto \dfrac{1}{t}$，所以

$$\frac{1}{t} = A'e^{-Q/RT} \tag{1-5}$$

式中，A' 是常数；Q 是再结晶激活能；R 是气体常数；T 是温度（单位 K）。将式（1-5）两边取对数，则有

$$\ln\frac{1}{t} = \ln A' - \frac{Q}{R} \cdot \frac{1}{T} \tag{1-6}$$

表 1.5 形核速率与生长维度之间的关系[28]

生长维度	坐标位置	形核速率
三维（3D）	3	4
二维（2D）	2	3
一维（1D）	1	2

两个不同的恒定温度下，金属组织中有相等再结晶体积分数时，可得

$$\frac{t_1}{t_2} = e^{\frac{Q}{RT}\left(\frac{1}{T_2} - \frac{1}{T_1}\right)} \tag{1-7}$$

若已知钼板材的再结晶激活能和试样板材在某固定温度下完成再结晶的退火时间，根据式（1-7）可得在另一未知温度完成再结晶的保温时长。

钼金属的熔点 T_m 为 2622℃，理论再结晶温度约为 $0.4T_m$，即 1050℃[143]。钼由于核外电子分布而容易失去外层电子发生氧化。有氧气的条件下，钼金属被加热到 520℃时开始缓慢氧化，钼的价态升至 +6 价，生成 MoO_3；温度升高到 600℃以上，会迅速氧化成 MoO_3；在水蒸气中加热至 700~800℃，钼被氧化到 +4 价，形成 MoO_2，继续升温，进一步被氧化生成 MoO_3；在纯氧中能自燃。因此，钼在热处理时常采用保护气氛或者真空介质，防止钼发生氧化。

钼金属通常有在常温下因韧-脆转变温度（ductile-brittle transition temperature，DBTT）随着变形程度的增加而不断下降的加工特性[144]，显示出较差的延展性和韧性，且其开始再结晶温度高，从而严重限制了钼的深加工可行性和应用范

围[39, 145]。此外，稀有金属制品的规格要求在不断提高，致使材料的成分、组织和热应力控制难度也相应地提升。随着材料的服役条件变得越来越严苛，对生产材料技术的要求也越来越高，控制钼板的组织变化，实现性能提高，亟需对钼的现有成形工艺进行改进[113]。

钼板材在热处理过程中，缺少杂质作为第二相再结晶形核质点，形核率下降，热处理后容易发生晶粒非均匀长大，导致材料力学性能、使用性能严重下降[146]。钼板材在生产过程中不仅受低温脆性的影响，还受再结晶脆性的影响。另外，难熔金属钼在再结晶温度以上轧制时，比钢铁更容易发生脆性断裂。低温轧制时，钼板将发生回复，提高了加工塑性。钼具有较高的硬度、低温脆性，高温抗氧化能力差，需要在高温下变形，且变形抗力大，塑性范围窄，给板材轧制成形带来极大难度[147]。

变形钼板材进行高温退火时会生成等轴状的再结晶晶粒，当等轴晶粒约占热轧板材组织的 20% 时，常温下钼板发生脆性断裂的可能性最小；随着再结晶程度提高，等轴晶粒会不断长大，其中一些微量的杂质元素，例如容易固溶在钼中的碳、氧、氮，会偏析在晶界处，这片杂质元素聚集的区域将成为板材发生脆性断裂的潜在裂纹源头[128, 148, 149]。在室温下，钼形成再结晶等轴组织会引起它的脆性断裂，在特定的等轴晶粒和晶粒尺寸比例下，钼具有优异的室温韧性。

体心立方结构（bcc）的钼有 6 个滑移面和 2 个滑移方向，因为比面心立方结构的滑移方向少而展示出较差的金属塑性。滑移方向对螺型位错的可动性产生负面影响，控制体心立方结构金属滑移特性的主要位错组态是刃型位错。

另外，钼的再结晶的回复过程因其堆垛层错能高而受到强烈的影响[150, 151]。具有高层错能金属的全位错不容易分解成难束集的扩展位错，导致位错几乎不发生交滑移和攀移，不利于金属再结晶的过程。设计开发新产品、新工艺，在使用热处理工艺时，有研究表明，可以在不改变钼板材的形状以及化学成分的前提下，减轻材料组织因压力加工产生的残余应力，最终在其内部发生回复以及再结晶过程，从而调控其晶粒形状、尺寸，改善组织的不均匀性，减轻变形抗力，获得良好的机械和物理性能[152, 153]。因此，热处理工艺作为非常重要的物理冶金手段被使用，同时传统热处理存在高耗能、高污染的问题，均对热处理的绿色化提出了迫切的需求。

关于钼板材的热处理，目前的研究重点主要集中于热处理制度对钼板材组织及力学性能的影响，因此本书将聚焦于深入探讨热处理参数对不同变形钼板材的影响及变形量对钼板材再结晶过程的影响。李继文等[117]研究了变形量和轧制方式对热轧钼板的影响，发现单向轧制钼板晶粒取向的各向异性随着变形程度的增加而增加，变形率增加至 40%以上，晶粒发生破碎，平均晶粒尺寸变小，晶粒各向异性愈加明显。交叉轧制的钼板的晶粒被沿着轧制方向伸长，垂直于轧制方向展现出交错搭接的状态，平行于轧制方向的晶粒同时也发生了择优取向。在表征钼板织构时选择了 X 射线衍射技术，从晶体学的轴密度变化侧面反映出织构的转变。单向轧制加强了{111}〈uvw〉织构，导致板材{111}〈uvw〉取向的性能优于其他取向。交叉轧制减弱了单向轧制所产生的{111}〈uvw〉织构，提高了板材的各向同性。同时，轧制变形率的增加促进了{100}〈uvw〉织构的形成，使之强度提升。当变形率达 90%以上时，{100}〈uvw〉织构的强度最大。

Oertel 等[114]通过扫描电子显微镜、X 射线衍射和拉伸实验研究了不同轧制工艺生产的钼板的组织、织构和力学性能。所研究的再结晶钼薄板中的织构具有强烈差异，并表现在塑性各向异性上，其特征在于屈服应力和 Lankford 参数的差异。低变形量的钼薄板单向轧制产生 α 织构，即{100}〈110〉。在较高的变形量下，织构发生偏转，转至{112}〈110〉。交叉轧制中增加了{100}〈110〉织构。"Taylor-Bishop-Hill"理论被成功地用于定性解释塑性各向异性。

钼板微观组织轧制时受到外力作用发生变形，且组织内部产生亚晶界和胞状组织构成的晶体缺陷，在宏观上呈现出典型轧制态纤维状组织。钼板轧制发生形状变化的同时，组织中会产生平行于{001}轧面和平行于{111}轧面的择优取向。钼的原子结构致使{111}面上的间隙原子溶解度较大，因此大量的杂质都会偏析到{111}面，从而影响了晶粒的表面结合能，并且沿{111}方向形成 45° 裂纹并扩展[154]。

目前，有研究人员关注不同轧制工艺的钼板材的微观组织形貌与变形量、轧制方式与择优取向的差异性之间的联系，以及分析对比钼板材热处理前后的原始组织，探究热处理对钼板材的影响。Primig 等[155]分析了变形率为 5%～68%，热处理工艺温度为 1173～2773 K，加热时间为 20 min，保温 1 h 且随炉冷却钼板的再结晶行为，如图 1.10 所示，通过金相显微镜表征变形材料的再结晶组织，建立了含有低浓度间隙杂质的钼的静态再结晶图，很大程度上细化了钼再结晶图[156]，可以直观快速地了解钼板变形程度、退火温度和晶粒尺寸三者之间的大致关系，为工程、实验制定再结晶工艺提供参考。

Primig 等[116]为了研究不同的线性加热速率对钼板的组织和织构的影响，进行了加热速率范围为 1～1000 K/min，退火温度为 800～1300℃的实验研究。在较低的加热速率下，回复促进了后续再结晶，此时再结晶在变形晶粒的中心区域而非晶界处形核，使再结晶晶粒体积分数增加。而在高的加热速率下，回复

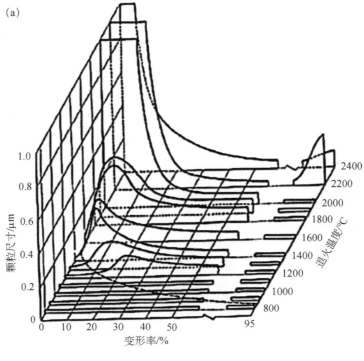

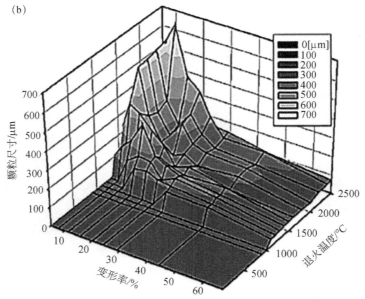

图 1.10　钼再结晶图

（a）Pink 所研究的钼再结晶图[156]；（b）Primig 轧制变形的钼板材的再结晶图[155]

过程可以忽略不计，大变形量的钼板中具有较高的变形储存能，有利于快速再结晶，更倾向于在高储能的边界即高角度晶界（HAGB）的局部区域形核，组织中的织构较弱且晶粒更细小。

Hünsche 等[113]从变形量及退火温度对板材的显微组织产生的影响方面进行了研究。在他们的研究中，使用 JMAK 计算的结晶动力学产生的 Avrami 指数随温度降低从 2.5 降至 1.1。激活能达到 5 eV，这与体积自扩散系数一致。通过 X 射线衍射测量片材表面和中心层的织构。片材中心的轧制织构的特征在于强的 α 织构，其中{100}〈110〉织构占主导地位。除此之外，还存在弱的 g 织构。他们同时指出在再结晶中织构的变化可以忽略。

魏修宇[157]将 40%～85%不同变形率的钼板在 900～1300℃进行热处理 1～4 h 的实验，研究中发现：一定范围内提高退火温度及延长退火时间均对热轧钼板（99.95%）再结晶的进程有促进作用，65%变形率的钼板最合适的退火工艺是热处理温度为 1200℃，保温时间为 1～2 h；热轧钼板热处理后的晶粒尺寸随着变形程度的增加而减小。

Lobanov 等[115]发现在变形率为 90%、厚度为 2 mm 的钼板中会产生择优取向，取向为{001}〈110〉，{112}〈110〉，{111}〈112〉，{111}〈110〉。之后在真空炉中 1200℃退火 45～300 min，发现钼板在 1200℃再结晶期间，{001}〈110〉取向变弱，而其他取向增强。再结晶和变形的织构取向在〈110〉轴周围以特定角度交替连接。将变形织构和再结晶织构的"遗传效应"联系起来，织构方向具有"遗传"性。取向差的不同定义了取向晶界，将形变方向、取向差和再结晶取向联系起来。再结晶织构可以通过 Σ9 结型重合位置点阵（coincidence site lattice，CSL）晶界的迁移或者 Σ3 晶界和 Σ11 晶界的迁移或者晶界处的再结晶形核所形成。

张国君等[158]的实验表明，变形率为 80%的钼靶材热处理温度从 1050℃升至 1300℃，晶粒尺寸随之由 43 μm 逐渐增长至 60 μm，同时钼原子的运动速度增大，导致晶界迁移也变得更快，提高了再结晶晶粒长大的速率，也大大增加了晶粒吞并的概率，导致晶粒粗化，因此晶粒尺寸与最大晶粒尺寸之间的差值也有所增大。在实验研究中，热处理温度高于再结晶温度，随着温度的升高，再结晶的晶粒逐渐长大、粗化，且根据 Hall-Petch 公式，靶材硬度随温度升高呈下降趋势，但整体因材料致密度较高，硬度保持在 250～272 HV（1 HV=0.102 Pa）之间。

Yu 等[151]通过在 1200～1350℃的温度范围内的等温退火研究了热轧纯钨板材变形率为 90%时的硬度变化。认为 90%变形的钨板在 1200～1350℃的温度范围内的再结晶由和晶界扩散相同的活化能控制，计算出90%变形的热轧钨板的再结晶的表观活化能为203 kJ/mol。Wang 等[159]进一步探究了在研究的温度范围内，变形率为50%、67%和90%的纯钨板材在1350℃下的等温退火的再结晶行为，借助了 JMAK 模型与硬度测试分析了纯钨的再结晶动力学。分析了 JMAK 方程参数与形变量之间的关系以及钨板再结晶晶粒的成核和生长类型。

综合国内外热处理对变形钼及钼合金板材的影响情况，可以看出，变形率不变的情况下，热处理参数对钼板材组织形貌和力学性能产生了影响，且各位研究者都在探索钼板材组织及性能的变化，以更好地控制钼板材的综合性能。热处理加工工艺能显著改善轧制钼板材的加工硬化，可以看出，热处理加工工艺在初始轧制变形率大的情况下，对钼的再结晶形核和长大有利；通过研究钨板材热处理过程中的再结晶动力学和热力学，加深对板材自身能量与热处理之间的理论研究。钨和钼均属难熔金属且性质相近，因此有关纯钨板的热处理研究对钼板材的研究有一定借鉴意义。

大尺寸、大塑性变形、高纯度的钼板材是应工业生产要求的提升和科技的进步而不断发展的。大部分研究者关注于中小变形量钼板材深加工对钼板材组织性能的影响，对于变形钼板材的轧制及热处理后的组织及性能做了初步研究，然而，关于大塑性变形钼板材的热处理对组织和力学性能的影响未有大篇幅文献报道。

作者所在课题组已经通过粉末冶金方法制备了70%～95%四种不同变形率的钼板材，通过组织表征分析了随着板材变形程度的增加，轧制后晶粒形貌趋于纤维状，与此同时，研究了变形率对钼板材断裂方式的影响，还正在对因变形率不同在组织内部产生织构的强度和织构的转变对断裂机制的影响进行研究。

钼金属通常在常温下因韧-脆转变温度随着变形程度的增加而不断下降的加工特性显示出较差的延展性和韧性，严重限制了钼的深加工可行性和应用领域，而且钼的再结晶温度较高；钼板材的纯度越高，位错的钉扎作用也就越小，越缺乏形核质点，变形热处理后越容易发生晶粒的不均匀长大，导致钼的物理和力学性能严重下降，影响钼在功能材料领域的应用。综合以上研究人员的工作，对于钼板材的热处理过程的回复与再结晶有初步研究，但是随钼金属使用及服役要求的发展，有必要对形变高钼金属板材的热处理进行系统性的研究。随着材料的服役条件的提升，对生产材料技术的要求也越来越高，对钼的现有成形工艺进行改进，控制组织的变化，实现性能提高显得尤为重要。

因此，本书重点研究大塑性变形钼板材热处理工艺对其组织性能的影响，探究热处理工艺参数对其组织演变规律及力学性能的影响规律，为调控钼板材显微组织提供理论依据，为优化制定热处理工艺奠定理论基础，并为钼板材的发展提供有意义的理论参考。

1.4.6　杂质氧对钼的组织性能影响研究进展

1. 钼和氧的相互作用

1) 钼-氧系统与氧化动力学

杂质氧元素与钼金属的氧化动力学，本质上取决于不同温度下钼金属的杂质氧含量。根据现有钼-氧系统相平衡的相关研究，在如图 1.11（a）所示的不同温度下杂质氧在钼金属的溶解度曲线[44]中，发现了杂质氧在钼金属中的溶解度随温度升高而下降。在 $1100℃$ 和 $1700℃$ 下的相应溶解度分别为 $0.0045wt\%$ 和 $0.0065wt\%$，在室温下杂质氧含量不大于 $(1\sim2)\times10^{-4}wt\%$。在真空电弧熔炼制备的钼金属中，杂质氧含量约为 $0.0002wt\%$ 时，晶粒边界上有红棕色 MoO_2 薄片析出物，由此得出杂质氧在钼金属中的极限溶解度不大于 $2\times10^{-4}wt\%$[23]。

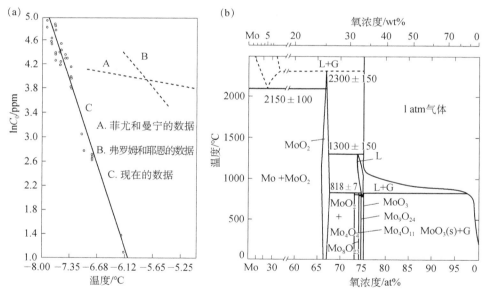

图 1.11　（a）不同温度下杂质氧在钼金属中的溶解度曲线[44]和（b）钼-氧相图[160]

钼金属和杂质氧相互作用可以产生多种热力学稳定的氧化物，包括有菱形晶体结构的 MoO_2，单斜系和正菱系的 Mo_4O_{11}，三斜系的 $Mo_{18}O_{52}$，单斜系的 Mo_9O_{26}，菱形的 MoO_3、$Mo_{17}O_{47}$、Mo_5O_{14}、Mo_8O_{23} 等。在氧化钼中，MoO_3 和 MoO_2 是最稳定的，其余各种氧化物都是中间氧化物，且均处于不稳定状态。目前，这些不稳定状态的氧化钼已经可以利用 X 射线结构进行分析。通过 X 射线结构分析得到了 MoO、Mo_2O_3 和 Mo_3O 混合粉末。这些氧化物可利用通用分子式 Mo_xO_{3x-1} 表示，具体成分是在 MoO_2 和 MoO_3 之间。另外，对于 MoO、Mo_2O_3 和 Mo_3O 这些氧化物还没有制备出纯物质。

所有氧化钼的晶体结构是由 MoO_6 八面体、MoO_4 四面体或 MoO_7 多面体组成，其顶点或棱角相连。所有氧化钼是 Mo_xO_{3x-1} 系列，例如 Mo_4O_{11}、Mo_8O_{23}、Mo_9O_{26} 等。由于钼金属的低价氧化物有被氧化成高价氧化钼的倾向，而高价氧化钼在较高温度下容易挥发，因而难以建立钼-氧系统的相平衡。如图 1.11（b）所示为目前研究建立的钼-氧相图[160]，该系统中除发现有 MoO_2 和 MoO_3 外，还发现有中间氧化物存在，其成分接近 Mo_4O_{11} 和 Mo_9O_{26}。当温度升高时，钼-氧系统是以包晶反应进行分解（$Mo_4O_{11} \longrightarrow L + MoO_2$ 和 $Mo_9O_{26} \longrightarrow L + Mo_4O_{11}$），其中分解温度分别为 818℃ 和 780℃。在 782℃ 时 MoO_3 熔化，在 775℃ 时 MoO_3 与 Mo_9O_{26} 形成共晶体，在 778℃ 时 MoO_2 与 MoO_3 形成了共晶体，而钼和氧原子在 2100℃ 形成 $Mo\text{-}MoO_2$ 共晶体，并且在钼金属中以最稳定的氧化物 MoO_2 和 MoO_3 存在。

MoO_2 是深褐色或暗灰色氧化物粉末，属于金红石型单斜晶结构，它的密度约为 $6.34 \sim 6.47 \text{ g/cm}^3$，生成热为 551.4 kJ/mol，它不溶于水，而且在碱金属氢氧化物、无氧酸和熔盐中呈现出惰性。在密闭容器中加热 MoO_2 直到 1700℃ 时仍然是稳定的，最终固态 MoO_2 在（1985±50）℃ 和标准大气压（1 atm=1.01325×10^5 Pa）下，分解成氧原子和钼原子，在温度为 1520～1720℃ 时 MoO_2 分解为固态钼和气态 MoO_3。

MoO_3 是淡青色的氧化物粉末，晶体结构是菱形结晶结构，密度约为 4.692 g/cm^3，生成热为 745.3 kJ/mol。根据研究得到 MoO_3 的熔点是 782℃ 或 795℃。温度在 650℃ 以上升华激活能为 359 kJ/mol，低于 650℃ 升华激活能变为 222 kJ/mol，这说明 650℃ 附近 MoO_3 的结晶结构发生了变化。事实上，存在水蒸气（H_2O）时 MoO_3 的氧化挥发性增大。在 600～690℃ 之间，随着 H_2O 压力的增高，MoO_3 的蒸气压呈直线上升。

钼金属氧化动力学的基本影响因素有温度、氧气气氛、氧压、时间等。钼和杂质氧发生的氧化反应方程为

$$O_{2n} + Mo_m \longrightarrow MoO_{2m} \qquad (1\text{-}8)$$

根据范托夫等温方程式：

$$\Delta G_T = -RT \ln \frac{\alpha_{MoO_2}}{\alpha_{MoP O_2}} + RT \ln \frac{\alpha'_{MoO_2}}{\alpha'_{MoP'O_2}} \qquad (1\text{-}9)$$

氧化物 MoO_2 和钼金属都是固态物质（$\alpha_{Mo}=1$），因此 ΔG_T 可简化为

$$\Delta G_T = -RT \ln \frac{1}{p_{O_2}} + RT \ln \frac{1}{p'_{O_2}} \tag{1-10}$$

将式（1-10）换底可得

$$\Delta G_T = 4.575T(\lg p_{O_2} - \lg p'_{O_2}) \tag{1-11}$$

式中，p_{O_2} 是温度为 T 时氧化物 MoO_2 的平衡压强，p'_{O_2} 是给定的温度下杂质氧元素的分压。若 $p_{O_2} > p'_{O_2}$，$\Delta G_T > 0$，反应（1-8）将向氧化物 MoO_2 分解的方向进行；若 $p_{O_2} < p'_{O_2}$，$\Delta G_T < 0$，反应（1-8）将向氧化物 MoO_2 生成的方向进行；当 $p_{O_2} = p'_{O_2}$，$\Delta G_T = 0$ 时，反应处于平衡状态。如果标准自由能的变化值为 $\Delta G_T = -RT \ln K = -RT \ln \frac{1}{p_{O_2}} = 4.575T \lg p_{O_2}$，将该温度下钼金属的氧化物分解压与给定温度下杂质氧元素的分压做比较，这可以作为钼金属氧化物反应方向的依据。

在钼-氧系统中杂质氧和钼金属的相互反应包括解离和扩散，首先 O_2 分子传至钼金属表面上会离解为原子并强烈吸附在钼金属表面，然后杂质氧原子或分子穿透钼表面向钼金属内部转移，最后 O_2 原子或离子在钼金属点阵中扩散，构成了钼-氧平衡系统。因此，根据恒定氧压（0.1 atm）下钼金属的氧化与温度关系，钼-氧系统的相互作用具体分为四个阶段：

（1）当温度在 300～475℃ 时，致密的黏附氧化膜 MoO_2 和 MoO_3 形成，氧化膜的扩散速度决定钼金属和杂质氧元素的氧化速度。当温度在 475～700℃ 之间时，钼金属中形成氧化膜并且使得 MoO_3 挥发。

（2）温度超过 600℃ 时 MoO_3 挥发加速，温度在 700℃ 时挥发速度约等于生成速度，随着进一步加热，其挥发速度变得更快超过其生成速度，钼金属中生成的氧化膜不再具有保护性，MoO_3 的挥发速度与时间呈现出直线关系。这一阶段氧化速度的快慢基本是由吸附、化学反应以及钼金属表面的解吸过程来决定的。

（3）当温度在 700～875℃ 时，钼金属表面氧化物挥发，且其氧化钼的生成速度和挥发速度都加快。

（4）当温度超过 875℃ 后，MoO_3 蒸气形成的致密屏障对杂质氧吸附钼金属的表面存在阻止作用。当温度升到 1700℃ 时，氧化速度不发生改变[161]。氧化初期，钼金属的表面形成 MoO_2 膜，MoO_2 膜达到一定厚度时，MoO_2 氧化成 MoO_3，随着温度和压力的升高，氧化物生成速度、挥发速度加快。

在钼的化合物中，钼金属一般呈现出 0、+2、+3、+4、+5、+6 价这 6 种常

见的价态，其中钼金属以+6 价为最稳定价态，以+5、+4、+3、+2 为次稳定价态，并且其化学性质不会因为空气环境而改变。当温度为 400℃ 左右时开始发生氧化，高于 600℃ 时氧化速度增加，形成了易挥发的 MoO_3。当温度为 700℃ 时，钼金属被迅速氧化为 MoO_2。当温度超过 1900℃ 时，氧化的基本产物变成气态 MoO_2，随之被氧化成气态 MoO_3。

2）氧在钼金属中的存在形式及分布研究

根据上文已经得到杂质氧在钼金属中溶解度较低，在室温下不超过 0.0002wt%，这给钼金属中杂质氧化学分析和检测分析带来困难。目前快速发展的 APT 技术为检测钼金属中杂质氧提供了一种新的方法[48, 49]，该技术能够检测钼金属晶界处间隙元素分布和元素种类。有研究报道了原子探针显微镜（atom probe microscopy，APM）发现间隙元素的偏析行为，其中间隙杂质氧和氮元素的晶界偏析促进了晶间断裂[50]，同样第一性原理计算也证明了这一点[162]。而杂质碳元素的偏析降低了局部杂质氧含量，从而增强了钼金属的晶界强度。Babinsky 等[163]通过粉末冶金方法制备了热轧钼金属，利用聚焦离子束（focused ion beam，FIB）结合 TEM 方法进行 APT 重建分析，并针对钼金属晶界的特定位点进行探究，如图 1.12 所示，得到钼金属晶界处间隙杂质氧元素的偏析情况。利用 FIB 和透射菊池衍射（transmission Kikuchi diffraction，TKD）技术同样能够制备纯钼金属高角度晶界的 APT 试样[164]，并发现晶界处的钼-氧分子略有增加。但尚未观察到再结晶状态和变形状态钼金属高角度晶界处的偏析之间的差异。而利用 APT 技术还能观察到杂质氧元素与锆、硼和碳在钼合金热影响区晶界处偏析的演变规律[165]。

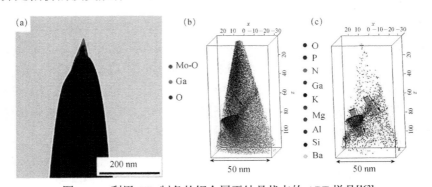

图 1.12   利用 FIB 制备的钼金属再结晶状态的 APT 样品[163]

（a）TEM 图像；（b）APT 样品的重建，绿色箭头表示偏析区域，蓝色箭头表示带有元素偏析的晶界；

（c）晶界和偏析 APT 重建

Leitner 等[42]采用 TKD 和 APM 技术探究钼金属在变形和再结晶状态 22 个

高角度晶界的偏析，如图 1.13 所示是钼金属再结晶的 APM 图，通过图 1.13 中钼金属界面一维浓度剖面（直径 10 nm），能清楚观察到间隙杂质氧、氮和磷的偏析行为，其中间隙杂质氧的浓度高达 1.4at%。证明间隙杂质氧偏析在高角度晶界上会对钼金属有不利影响。

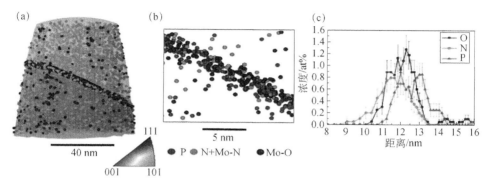

图 1.13　45°旋转角和[−7 −11 10]旋转轴的钼金属晶界[42]

(a) APT 样品的重建；（b）晶界处放大倍数，其中紫色小球为磷元素，绿色小球为氮元素，蓝色小球为氧元素；（c）晶界处一维浓度分布

除 APT 检测技术，关于间隙杂质元素含量（0.01wt%～1wt%）的检测方法还包括原子发射光谱法（atomic emission spectrometry，AES）[166]、原子吸收光谱法（atomic absorption spectroscopy，AAS）[167]、电感耦合等离子体原子发射光谱法（inductively coupled plasma-atomic emission spectrometry，ICP-AES）[168]、电感耦合等离子体质谱法（inductively coupled plasma-mass spectrometry，ICP-MS）[169]等。其中在钼金属中杂质氧检测通常采用气体萃取法来分析百万分之一（ppm）水平的杂质氧含量[170]。目前，对于杂质氧在钼金属中的存在形式和分布的相关研究较少。有文献研究了钼合金中少量钛（Ti）、锆（Zr）、铪（Hf）等元素的固溶情况，这些固溶元素会与间隙杂质氧形成$(Mo, Ti)_xO_y$、$(Mo, Hf)_xO_y$的固溶颗粒，最终以氧化物的形式存在于钼合金中[171]。在钼合金中Ti 元素不仅能够与 Mo 元素无限固溶，而且与自由氧元素进行结合[172]。其中TiH_2分解产生的 Ti 元素在晶界处与杂质氧反应生成 TiO_2，同样降低杂质氧在钼基体中的含量，并且 TiO_2 颗粒倾向于分布在钼金属晶界处，起到了阻碍其迁移的作用[173, 174]。而钼金属中的 Zr 元素同样与间隙杂质氧结合生成 ZrO_2，优先在钼金属晶粒内部形成 ZrO_2，减少了钼的氧化物如 MoO_2 等在钼金属的晶界偏析，削弱了杂质氧对钼金属晶界的脆化作用[175]。范景莲等[176, 177]通过粉末冶金法制备出 Mo-Zr 合金，发现了 Zr 元素与钼基体中杂质氧发生氧化还原反应生成ZrO_2第二相，能改善钼金属的脆性断裂，而且分布于钼晶粒和其晶界处的 ZrO_2

第二相颗粒具有强化作用。原子探针实验表明，在 Mo-Hf-C 合金中，杂质氧含量会随钼金属中 Hf 含量的多少而变化，这是由于 Hf 含量增加，HfO_2 体积分数增加，从而杂质氧含量会逐渐增加。并且杂质氧会以 HfO_2 相的形式存在于钼金属中，这有助于增加杂质氧元素在钼基体的溶解度，减少钼金属中杂质氧的晶界偏析行为，从而提高钼金属强化效果[178]。

Sun 等[179]使用了水热合成法掺杂氧化物颗粒，不仅发现掺杂 La_2O_3 颗粒影响 MoO_3 粉末的结晶度和颗粒直径，而且改变了钼原子和氧原子的配位，使得杂质钼原子与氧原子形成多边形 MoO_2 相的存在形式，如图 1.14 所示，该氧化物具有相似的抑制晶粒生长和促进晶粒细化的作用。Hu 等[180]通过冷冻干燥的方法制备了 $Mo-Y_2O_3$ 颗粒（54 nm）和最小晶粒尺寸（620 nm）、高密度（99.6%）的 $Mo-Y_2O_3$ 合金，并将其方法与传统球磨法进行了比较，发现粉末制备的 Y_2O_3 颗粒在高温烧结时会扩散到钼晶粒中，导致反应生成 $Y_5Mo_2O_{12}$ 颗粒和 Y_2O_3 混合相，其中 $Y_5Mo_2O_{12}$ 颗粒可以继续吸附 Y_2O_3 颗粒和钼金属基体中的杂质氧元素[181]，最终净化了钼基体，获得了高硬度（（487±28）$HV_{0.2}$）、高屈服强度（902 MPa）和高压缩强度（1110 MPa）的钼金属，从而改善了钼金属的力学性能。Pöhl 和 Lang 等[182,183]利用碳化物形成的 Hf 元素对新型钼铪碳合金（MHC 合金）中杂质氧进行"捕集"和"清除"，将晶界处杂质氧溶解，如图 1.15 所示，观察到较高的杂质氧在钼合金的碳化物中富集，因此作为第二相粒子的杂质氧形成弥散颗粒，提高钼基体强度[182]。

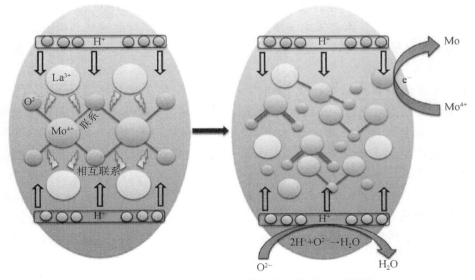

图 1.14　La^{3+} 和 Mo^{4+} 相互作用中成核的示意图[179]

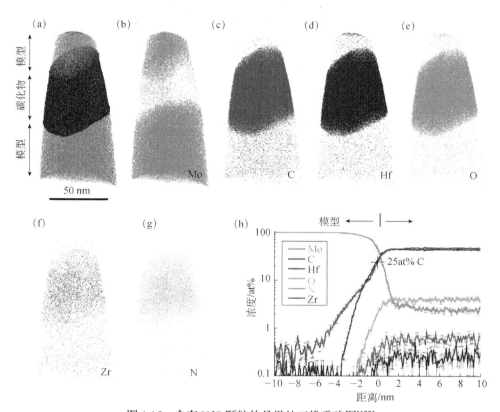

图 1.15 含有 HfC 颗粒的晶界处三维重建图[182]

在钼金属中杂质氧通常作为第二相粒子具有弥散强化合金效果，并且通过减少杂质氧在钼中晶界处的富集和偏析的方式，有效降低钼金属的脆性。整体而言，在氧元素和杂质氧的相互作用中，采用实验方法对钼金属中的杂质氧或氧化钼的吸附、扩散、存在方式以及走向规律的研究报道较少。因此，为了系统探究钼-氧系统中杂质氧的存在方式及走向规律，解决杂质氧在钼金属中的复杂问题，深入探索粉末冶金钼金属中杂质氧的形成机制、存在形式、富集、分布以及其与钼金属的相互作用规律将是本书的重点内容。

2. 杂质氧对钼的组织和性能影响

根据上文分析得到间隙杂质氧在晶界处偏析被认为是钼金属晶界脆化和低韧性的主要因素[184]。杂质氧在晶界表面的偏析行为造成钼金属晶界结合强度的明显降低[185]，而且杂质氧相比碳或氮元素对钼金属的塑性和强度影响程度最大[186]。杂质氧在钼金属晶界处析出的 MoO_2 也会呈现出明显脆性。因此，控制杂质氧含量将有效降低钼金属的脆性，提高其强度和延展性[187, 188]。Yang 等[189, 190]探索了低含量氧溶质在 bcc 金属铌（Nb）的硬化和损伤机制，设计了间隙氧固溶体强化，其中粗晶粒溶质氧梯度（solute oxygen gradient，SOG）的 SOG-Nb 和均匀氧分布（uniform oxygen distribution，UO）的 UO-Nb 都显示出了四倍拉伸强度并保持 Nb 金属的大部分均匀延伸率，缓解了 Nb 金属的应变硬化率异常高等问题，有效强化了 Nb 金属。此外，对 bcc Nb 金属的氧溶质导致硬化和损伤的机制也进行了探究，通过分子动力学（molecular dynamics，MD）模拟计算演化和分析了溶质氧是阻碍位错导致硬化的整个过程，揭示了 Nb 金属异常高的应变硬化率、纳米腔的快速繁殖导致损伤和失效等相关机制。Sankar 等[191]研究不同氧含量（50～800 ppm）对 Nb 金属微观结构和机械性能的影响，表明含有 800 ppm 杂质氧的 Nb 金属具有单相微观结构，并且没有出现沉淀相，其硬度和强度可随着杂质氧含量的增加而改变。

Zhang 等[192]利用钒（V）金属中氧溶质的浓度以揭示溶质氧诱导硬化的机制。结果表明，V 金属中溶质氧浓度增加造成了其断裂方式转变为韧性和解理混合断裂，最终完全转变为穿晶解理断裂。其中 1.0at%的氧空位复合体具有捕获位错、促进交滑移并协助位错储存的能力，从而实现 V 金属强化、应变硬化和延性的最佳组合，如图 1.16 所示，使得 V 金属屈服强度、应变硬化率和极限抗拉强度同时提高，实现其强化或脆化效果。同样，Jo 等[193]对不同氧含量（624～9092 ppm）和不同氮含量（40～4536 ppm）的 V 金属中微观结构和力学行为进行分析，表明了杂质氧和氮元素增加了 V 金属的硬度和抗拉强度。另外，利用第一性原理计算探究 V 金属中间隙杂质氧的存在行为，分析了空位和溶质氧之间的相互作用，以及空位和溶质对杂质氧扩散势垒的影响，揭示了 V 金属中沉淀物的形成机制[194]。

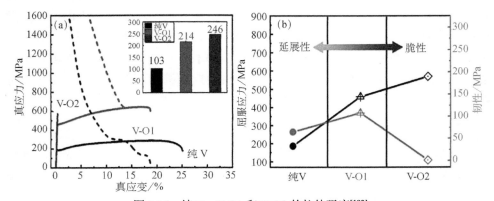

图 1.16　纯 V、V-O1 和 V-O2 的拉伸强度[192]

（a）这三种样品的真实拉伸应力−应变曲线和应变硬化率（虚线所示），插图是其显微维氏硬度；

（b）这三种样品的屈服应力和韧性比较结果

　　Lei 等[195]发现了 TiZrHfNb 高熵合金（high-entropy alloys，HEA）中掺杂氧元素可以形成一种有序氧配合物，这种有序间隙复合物在高熵合金中使得其强度和延展性同时提高。掺杂氧含量为 2.0at%的 TiZrHfNb 高熵合金，其拉伸强度提高48.5%，延展性提高95.2%，从而克服长期存在的强度-延展性权衡问题[196]。同样掺杂氧会使 Ti-24Nb 合金具有高的机械强度、低的杨氏模量和优异的延展性[197]，最终改变 Ti-23Nb-0.7Ta-2Zr（TNTZ）变形机制[198]。

　　以上学者们关于难熔 Nb、V 金属间隙氧固溶体强化设计方面的研究已经给出了系统研究结果，说明了不同氧元素的掺杂可以有效改变难熔金属和合金的微观结构、机械强度和延展性。深入探究钼金属中杂质氧的组织性能影响规律和机制，有助于显著改善钼金属的脆性问题，所以有必要掌握和控制难熔钼金属中的杂质氧含量，并且研究杂质氧对钼金属的组织性能影响规律。

　　关于杂质氧对钼金属组织演变规律的研究已有相关报道[199, 200]。Ma 等[69]利用从头算方法研究了钼金属中间隙氧、碳、氮、氢元素在晶界处的偏析，计算得到这些间隙元素与晶界具有短距离的相互作用以及在晶界周围优先偏析，发现在能量上最有利的捕获位点正好位于晶界位置。这种偏析与晶界处的低电子密度和偏析能量最低有关。Li 等[201]研究制备纯钼金属和掺杂氧的轧制钼金属，然后对热轧钼金属进行 1050～1800℃的等温退火和等时退火实验。通过 EBSD 技术对比研究了退火过程中的组织和织构演变，分析了两种热轧态钼金属的不同再结晶行为，说明了杂质氧会引起钼金属再结晶行为变化。

　　目前利用电子探针微区分析（electron probe microanalysis，EPMA）、X 射线光电子能谱法（X-ray photoelectron spectroscopy，XPS）等方法能够有效分析和探讨杂质元素对钼金属的组织结构演变规律。Zhang 等[202]研究了钼金属渗碳焊接接头熔合区（fusion zone，FZ）中晶界和晶界表面析出相结合强度的变化，以及杂质碳元素的存在形式和强化机制。通过 EPMA[203]分析了 SC-150 接头 FZ 横截面杂质碳元素及碳化物的形态和分布情况，如图 1.17（a）得到了杂质碳元素的均匀分布和无明显的偏析出现，如图 1.17（b）所示为元素分布结果。从图 1.17（c）可以发现 SC-150 接头横截面存在高的杂质氧元素。结合采用 XPS 对 SC-150 接头 FZ 中杂质碳的化学价态进行了分析，得到钼金属中杂质碳元素主要以游离碳和碳化物形式存在。通过计算不同焊接接头 FZ 中晶界和晶内的纳米压痕硬度，得到杂质碳可以均匀化 Mo 金属晶界和晶内的力学性能，从而提高两者变形的相容性。

　　综上，通过 APT 检测钼金属晶界处间隙氧元素的分布和种类是更加准确的。间隙氧元素在钼金属中形成机制、相互作用规律和成分控制的系统研究鲜

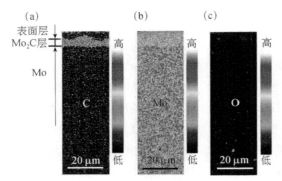

图 1.17　SC-150 接头中 FZ 横截面的 EPMA 分析结果[202]

(a) C；(b) Mo；(c) O

有报道。对于难熔 Nb、V 金属及合金的间隙氧固溶强化设计方面，有学者已经系统地研究了不同氧含量对难熔金属微观结构、机械强度和延展性的影响作用。所以有必要掌握和控制杂质氧含量对难熔 bcc 钼金属的性能影响规律。关于不同氧含量对钼金属的组织性能影响的研究已经证明在钼金属的晶界处生成的杂质氧或氧化物种类会影响其与钼基体结合形式和强度关系，同时杂质氧的形态和分布会直接影响其晶界强度、裂纹在沿晶界扩展过程的断裂模式以及力学行为，然而没有给出具体杂质氧的存在形态、含量及分布情况。探究钼金属晶界的杂质氧的种类、形态和分布情况是影响钼金属晶界结合强度的关键。因此，深入研究杂质氧在钼金属晶界处的形态、分布及其对钼金属断裂机制的影响作用都具有重要的意义。

由以上分析明确了间隙杂质氧晶界偏析、位错等缺陷富集都会影响钼金属的非本征脆性行为。间隙杂质氧对难熔 bcc 金属微观组织结构和机械性能的影响作用已有研究突破。但以上研究成果都是针对易于氧元素溶解的 V、Nb 难熔金属和高熵合金，并且其他间隙元素对钼金属的存在形式和其晶界结合强度的影响都有阐述。然而关于杂质氧在钼金属的存在形式、富集分布情况以及对其微观组织演变与性能影响的研究鲜有报道。相比于其他 bcc 金属，杂质氧对 bcc 钼金属设计和探究具有特殊性。对于不同氧含量下的钼金属微观组织和性能调控的研究还有很大发展空间，目前还有以下问题值得关注：

（1）如何准确检测钼金属中杂质氧的含量、分布、富集状态及与钼金属相互作用问题。对于国内许多大尺寸坩埚、加热元件、热屏和靶材等钼金属材料，其中的杂质氧分布均匀性显著变化，杂质氧含量难以控制，直接影响钼金属的加工和使用，给钼金属中杂质氧的化学分析带来很大困难。随着对钼金属检测需求不断攀升，在微量水平下钼金属中的杂质氧准确检测是至关重要的。

因此，结合哪几种方法能够更系统探究杂质氧的形成机制、富集状态及与钼金属相互作用问题值得研究。

（2）深入探索杂质氧与钼金属组织和性能的关联性问题。间隙杂质氧在晶界处偏析被认为是钼金属晶界脆化和低韧性的主要因素，且杂质氧相比于杂质氮和碳元素对钼金属的塑性和强度影响最大。杂质氧在钼金属晶界处析出的 MoO_2 也会呈现明显的脆性行为。因此，杂质氧对钼金属的组织演变规律能否提高钼金属的力学性能，如何更好地掌握和控制钼金属基体中的杂质氧含量，从而深入研究杂质氧与钼金属组织性能的关联性问题值得研究。

1.5 本书的主要研究内容

难熔金属钼具有优异的高温强度、抗蠕变性、耐蚀性、低热膨胀系数等特性，是航空航天、核能工业、国防军工等领域难以替代的关键基础材料[1, 2]。例如，核能领域用于核反应堆芯、燃料包壳、反应堆压力容器，航天领域用于火箭喷嘴、燃气轮机叶片等部件，都对难熔金属钼的强度和韧性提出更为苛刻的要求。然而，钼的室温脆性大、韧-脆转变温度高和比强度低等缺点，严重制约其粉末冶金制备加工可行性和工业应用范围[3]，研究钼在粉末冶金过程中的组织演变与性能具有重要意义。

近年来，随着粉末冶金方法制备钼金属的晶界表面的间隙杂质氧、碳、氮含量增多，在钼金属晶界周围的溶质元素分布发生变化，使其晶界结合强度降低、位错运动受到阻碍、裂纹加速生成，严重影响钼金属的强度和塑性，这是钼金属难以塑性加工成形的根本原因。针对粉末冶金钼的塑性变形行为，研究发现，钼金属在高温变形过程中微观组织结构会因加工硬化、动态回复（DRV）和动态再结晶（DRX）等共同作用而发生复杂变化，这些复杂变化决定了其变形后的组织和性能。在粉末冶金钼的高温热压缩变形方面，通过流变应力-应变曲线的变化趋势来粗略判断流变软化机制的方法缺乏直接的科学依据，因而要探究更具有科学依据的判别手段，定性地研究钼在高温压缩时的变形行为。

针对深加工的钼板材，如何通过多道次轧制生产出优质板坯具有重要的研究意义。传统的实验方法在研究过程中耗费大量原材料，并且所得数据仅在特定条件下准确。随着现代计算机技术的发展，通过有限元模拟能够分析轧制过程中的板形控制，以及探究轧制过程中钼金属的流动、温度场、应力应变场以及载荷变化等，从而提出合理的加工工艺参数和优化工艺路径，为深入探究钼板材轧制加工过程的组织与性能研究提供借鉴。

除利用有限元模拟分析轧制过程的板型控制，探究塑性加工过程中钼在不同加工状态的力学性能和织构的演变也是国内外学者研究的热点。目前国内外研究者关于大尺寸钼板材中材料成分、组织和热应力控制难度大，导致钼产品的力学性能、溅射等使用性能严重下降；在塑性变形时容易形成变形带和剪切带，变形带和剪切带影响织构和晶粒取向，以及其显微组织、晶粒取向与力学性能之间的对应关系研究相对较少，缺乏系统性。因此，研究钼在轧制过程中的组织演变规律有重要实践意义。

针对热处理对钼板材组织与性能的影响，有学者初步研究钼板材的热处理过程回复与再结晶行为。随着钼材料服役条件提升，对生产钼材料的技术要求也越来越高，对钼的现有成形工艺进行改进，控制组织的变化，实现性能提高显得尤为重要。

在杂质氧对钼的组织和性能影响方面，间隙杂质氧的非本征脆性是影响钼的脆性问题的主要因素。因此，改善钼的脆性问题，控制间隙杂质氧含量，优化钼的塑性方法也成为必然趋势。

基于以上研究现状，本书将开展以下几个方面的研究工作：

（1）通过高温压缩实验对烧结钼在不同成形温度、速度、应变速率时的形变行为进行探究，建立烧结钼的真应力–应变本构方程，制定最佳的热加工工艺参数。研究烧结钼在不同变形条件下的微观形貌、再结晶晶粒体积分数、高低角度晶界占比以及宏观织构的演化规律，完善钼烧结坯的热变形行为理论，为优化钼热变形工艺提供了理论指导。

（2）通过对单向热轧（UHR）与交叉热轧（CHR）的二道次数值模拟，探究轧制过程中钼金属的流动、温度场、应力应变场以及载荷变化等，从而提出合理的加工工艺参数和优化工艺路径。重点研究了钼板材的变形区形成差异化的主要原因，以及钼板材温度场存在的现象。

（3）通过单向轧制（热加工、温加工、冷加工）制备不同变形率的纯钼板材，对比分析了变形率对钼的组织与性能、再结晶行为的影响规律。重点探究了变形率为95%的钼板材在轧制过程中（开坯、热轧、温轧、冷轧）的组织、硬度宏观织构的演化规律，分析了热轧板材47%和冷轧板材95%变形率下晶粒取向、高低角度晶界占比、再结晶晶粒体积分数等参数。

（4）通过分析不同变形率下钼板材的微观组织演变过程，研究了70%、80%、90%和95%四种变形率钼板材等温和等时热处理后的显微组织形貌、织构和晶界演变、再结晶体积分数以及不同变形率钼板材的热分析。

（5）利用粉末冶金法生产的钼金属，系统研究了钼在粉末冶金过程中杂质氧的存在形式和分布状态及其对微观组织结构演变的影响，揭示了不同氧含量对烧结和变形钼金属组织和性能的影响规律。

第 2 章　钼烧结坯的压缩变形行为与组织演变

利用粉末冶金法制备板型规整的钼烧结坯，在 Gleeble-1500 型热模拟试验机上对钼板坯进行热压缩变形实验，变形温度为 1100～1300℃，变形速率为 0.01～10 s^{-1}，真应变为 0.3～0.6。对压缩变形后的试样进行微观组织、显微硬度和变形织构分析检测。

2.1　钼烧结坯的粉末冶金制备技术

2.1.1　实验原料

钼粉本身的物理化学性能、工艺性能、颗粒形貌、聚集状态和表面状态等因素在很大程度上决定后续钼产品的质量和性能，而且钼粉在压制、烧结过程中的颗粒尺寸、团聚状态的不均匀，可能产生烧结板坯密度不均匀、孔隙率较大以及微裂纹等缺陷，最终会导致后续钼制品在轧制变形时板材开裂、分层、褶皱等缺陷的产生，从而大大降低生产的经济效益。因此，本书选用金堆城钼业股份有限公司提供的常规粒径（约 3.5 μm）、纯度≥99.90%、松装密度 0.95～1.40 g/cm^3 的钼粉。钼粉的组织形貌如图 2.1 所示，可以看出钼粉形貌较均匀，表面光滑，团聚现象不明显，有利于后续的压制与烧结制备。为了降低吸附在钼粉表面的氧，提高钼粉的纯度，压制前需要将钼粉在 850℃ 的氢气气氛中还原 1 h。

2.1.2　冷等静压成形制备

冷等静压（CIP）技术是在常温下用橡胶或塑料作为包套模具材料，以液体为压力介质，使粉体材料成形的制备技术。该技术使用的压力一般为 100～630 MPa，为后续烧结轧制等工序提供成形良好、质地均匀的压坯[204, 205]。本实验所

图 2.1   钼粉的组织形貌图

用钼粉的粒径及松装密度比较小，粉体流动性差，装粉后粉末易在模具的上半部分堆积，上端过实而下端较松，最终导致头部装粉密度过高而出现"喇叭口"，因此需采用"墩式装粉法"，以保证得到均匀平整的压制坯。将还原后的钼粉装在冷等静压模具中，用如图 2.2（a）所示的装粉工具采用"墩式装粉法"使得钼粉末均匀、密实地分布在橡胶模具中，使用金堆城提供的 YT79-500液压机对钼粉进行冷等静压均匀压制成形，采用的压制压力为 180 MPa，升压速度为 18 MPa/min，保压时间为 8 min，卸压速度为 18 MPa/min。冷等静压所使用的钢模如图 2.2（b）和（c）所示，钢模满足了高压制力的要求，克服了常规软胶模成形时出现的压坯变形、尺寸偏差较大、表面质量差及材料成形率较低的缺点，另外，钢模表面有很多大小均匀的小孔，以便在冷等静压时压力能够更好地深入到坯料内部，使压坯均匀成形。

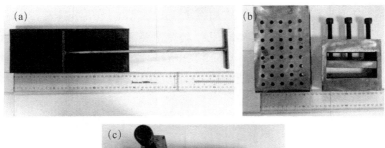

图 2.2   冷等静压模具照片

钼粉末冷等静压压制后的压坯板型如图 2.3 所示，压坯板型平整，无明显的裂纹等缺陷，压坯的密度为 6.760 g/cm³。本实验压坯的相对密度为钼的理论密度（10.8 g/cm³）的 60%～65%，说明实验所用钼粉的粒径与冷等静压的工艺参数是合理的。

2 cm

图 2.3　压坯板型

2.1.3　中频感应等温烧结

由于钼在空气中高温时氧化严重，因此钼板坯烧结采用中频感应等温烧结，中频感应加热的热量在工件内自身产生，氧化极少。该加热方式具有升温快、效率高、加热均匀等优点。本实验从冷等静压制得的钼压坯在中频氢气气氛烧结炉内进行固相分段式烧结，烧结温度为 1880℃，分别在 800℃（2 h）、1200℃（1 h）、1600℃（2 h）、1880℃（3.5 h）保温。通过中频感应等温烧结所制得的钼烧结坯如图 2.4 所示，烧结后坯料保持了压坯良好的板形，无明显缺陷。烧结坯显微硬度为 173.82 HV，孔隙率为 2.16%，密度达到 9.923 g/cm³，通过所设计的工艺参数制得烧结坯的相关性能合理，满足后续高温塑性变形加工要求。

2 cm

图 2.4　钼烧结坯

从图 2.4 钼烧结坯上缺口处取样对断口处微观组织进行扫描电子显微镜检测，微观组织如图 2.5 所示。钼烧结坯为等轴晶结构，使用线性截距法测得平均晶粒尺寸约为 24 μm，孔隙较少，直径约为 2～3 μm，表明烧结过程得到了组织均匀、致密化程度高的钼烧结坯。

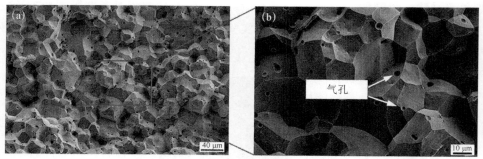

图 2.5   钼烧结坯断口扫描电子显微镜图

2.1.4   热模拟压缩实验

采用 Gleeble-1500 型热模拟试验机对钼烧结坯标准热压缩试样进行热压缩实验,试样直径为 8 mm,高度为 12 mm,如图 2.6(a)所示。进行热压缩实验时,在试样两头放置石墨片来防止热压缩过程中出现鼓形或失稳,保证试样均匀变形。其中温度及应变速率选取均以实际加工过程中的数值为依据,如表 2.1所示。由于钼高温易氧化,在氩气的保护下进行热模拟压缩实验,压缩实验完成后立即水淬至室温来保持试样高温组织。压缩变形后的钼试样被沿压缩轴线剖开,以分析钼压缩试样轴心部的微观组织演变规律,如图 2.6(b)所示,对试样进行微观组织、宏观织构和显微硬度表征测试。

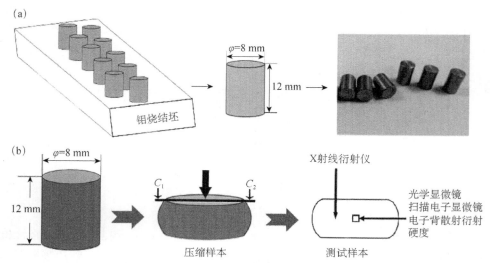

图 2.6   钼烧结坯的(a)热压缩试样和(b)其组织表征测试示意图

表 2.1 热模拟压缩实验工艺参数

变形条件	数值				
温度/℃	1100	1150	1200	1250	1300
应变	0.3	0.4	0.5	0.6	
应变速率/s^{-1}	0.01	0.1	1	10	

2.2 钼烧结坯的真应力-应变曲线分析

由于钼烧结坯在变形过程中存在加工硬化、动态回复、动态再结晶等复杂过程，这些过程决定了钼烧结坯的微观组织和最终的力学性能，而变形温度、应变速率、真应变等变形参数决定了微观组织动态演化的过程。因此，探究不同参数对钼烧结坯的真应力-应变曲线的影响是本节研究的重要目标。本节采用 Gleeble-1500 型热模拟试验机在变形温度为 1100～1300℃、应变速率为 0.01～10 s^{-1}、真应变为 0.6 的条件下，研究了钼烧结坯的高温压缩变形行为。通过真应力-应变曲线分析了变形温度、应变速率、应变程度对其流变应力的影响，建立了钼烧结坯高温压缩变形的真应力-应变本构模型。这些研究对于钼烧结坯的开坯和制定合理的热变形工艺提供了理论基础。

如图 2.7 所示为不同温度下的真应力-应变曲线。其中该真应力-应变曲线包含三种典型的金属变形行为，分别为：①加工硬化行为；②稳态行为；③软化行为。在变形开始时，流变应力随着应变的增加而迅速增加，这是由于此时位错密度的急剧增加导致试样发生了加工硬化效应。然后，动态回复效应减小了流变应力增加的速率，此时加工硬化与动态回复相互制约，导致真应力-应变曲线出现稳态。稳态阶段与变形温度有关，高的变形温度为晶界提供更高的迁移率，从而导致动态软化的程度更为明显。另外，在低温高应变速率下变形时，如图 2.7（a）所示，变形温度为 1100℃、应变速率为 1 s^{-1} 和 10 s^{-1} 的真应力-应变曲线中流变应力值在一直增加，并未出现稳态及软化行为，表明此时主要变形机制为加工硬化，动态回复效应不足以对材料进行软化。但从图 2.7（a）中 0.01 s^{-1} 和 0.1 s^{-1} 真应力-应变曲线可以看出，流变应力曲线最终都达到了稳态，这意味着动态回复是 1100℃ 以下粉末冶金钼的主要软化作用。随着变形不断进行，从图 2.7（c）可以看出，当变形温度到达 1200℃ 时，经历加工硬化、稳态阶段后的真应力-应变曲线出现了明显的下降，表明 1200℃ 是区分粉末冶金钼的高温变形和低温变形的临界值，并且流变应力对大于 1200℃ 的温度非常敏感。这是由于在 1200℃，金属内部发生了动态再结晶（DRX）效应，当动态再结晶的软化效果大于加工硬化时，金属开始发生软化，导致真应力-应变曲线开始下降，温度越高，应力值下降得越明显，表明动态再结晶进行得越充分。

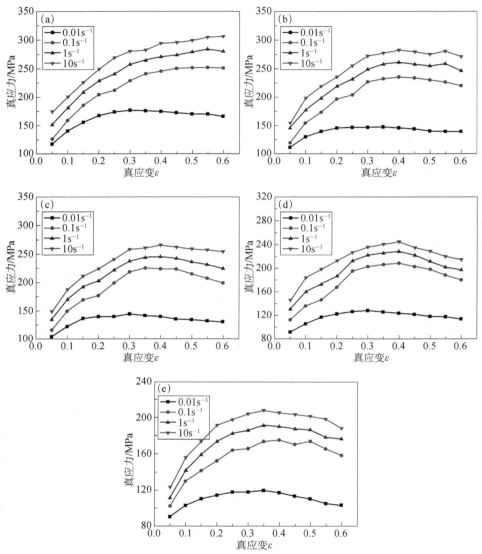

图2.7   钼烧结坯在不同温度下变形的真应力-应变曲线
(a) T=1100℃；(b) T=1150℃；(c) T=1200℃；(d) T=1250℃；(e) T=1300℃

由图2.7可知，应变速率恒定时，变形温度的升高会造成流变应力降低；变形温度恒定时，应变速率的升高会造成峰值应力增大。但是，在某些变形温度

（动态再结晶温度或更高），应力达到峰值后，流变应力将随着应变的增加而连续降低，这是由位错密度的累积和产生的动态再结晶软化作用引起的。这与Poliak 等[206]提出的动态再结晶开始的初始条件相同，即存储的能量达到最大值和临界值，以及与变形相关的耗散率降低到最小值。另一方面，临界动态再结晶应变的值随温度变化而变化，温度越高，临界应变越小。此外，随着变形温度的升高，压缩试件将在适当的应变速率下发生二次动态再结晶。图 2.8 表示了在恒定应变速率下流变应力随温度变化的曲线。很明显，在一定应变速率下，流变应力随温度的升高而减小，在一定变形条件下，峰值应力随应变速率升高而增大。

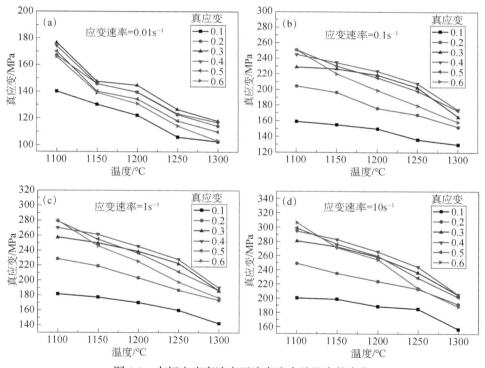

图 2.8　在恒定应变速率下流变应力随温度的变化

在图 2.8（a）中出现了加工硬化特征，但动态再结晶软化作用也开始出现。图 2.8 表明动态再结晶最初发生在低应变速率下，然后随着温度和应变程度的增加而逐渐扩展到高应变速率。图 2.8 还显示了 1200℃ 是区分粉末冶金钼的高温变形和低温变形的临界边界，并且流变应力对大于 1200℃ 的温度非常敏感。这与参考文献中建议的动态再结晶开始的初始条件相同。

2.3　钼烧结坯的压缩变形工艺参数对流变应力的影响

2.3.1　变形温度对流变应力的影响

图 2.8 揭示了在应变程度和变形速率一定的情况下，变形抗力随着变形温度的升高而下降。这主要有以下三个原因：

（1）随着变形温度的升高，烧结钼的热塑性增强，原子自身的动能增大，原子间的临界切应力减弱，热激活能降低，因而变形抗力降低，有利于塑性变形的进行[207, 208]。

（2）随着变形温度升高，烧结钼的晶界活性也增加，易于滑动变形。由于变形温度越高，原子扩散能力越强，晶界滑动引起的微裂纹将被及时清除，从而晶界滑动位移也较大；另外，温度高能降低晶间的切变抗力，所以晶界容易滑动。

（3）温度越高，金属越容易发生回复和再结晶，因为温度越高，原子热振动越剧烈，越容易发生空位的移动、位错的滑移和攀移。回复和再结晶的进行可以消除或减少塑性变形时产生的加工硬化。变形速率越小，发生回复和再结晶的时间越长，因而变形抗力的下降越明显。在温度比较低时，烧结钼只发生回复和加工硬化[83]，由于回复的软化效果比较弱，因而一直都是硬化作用大于软化作用；当温度达到一定值时，开始发生再结晶，变形抗力开始下降，动态软化作用明显。

2.3.2　应变速率对流变应力的影响

从图 2.8 可以看出，在应变量和温度一定时，应变速率越高，变形抗力越大。原因主要有两个：

（1）应变速率增加，变形时间缩短，那么发生动态回复和动态再结晶的时间也缩短，变形过程中的位错塞积得不到消除，从而使变形抗力增大。因塑性变形过程中同时存在加工硬化和软化过程，应变速率的增加缩短了软化时间，使软化来不及进行，变形抗力增大。

（2）应变速率增加，变形热效应增强，使金属内部温度升高，因而又降低金属的变形抗力。由于软化时间缩短导致的变形抗力增大，热效应导致的变形抗力减小，综合结果还是随着应变速率的增大，变形抗力增大。

2.3.3　应变程度对流变应力的影响

变形温度恒定时，流变应力刚开始会随应变程度的增加而上升；当应变程度继续增加时，流变应力出现峰值，即烧结钼加工硬化效应到达极致；继续变形时，流变应力开始下降。这因为变形初期，烧结钼晶格会产生畸变，并且随着应变程度的增加，加工硬化效应严重，烧结钼的流变应力继续上升。当变形达到一定程度时，由位错塞积产生的畸变能会促进动态再结晶效应，产生软化效果。当加工硬化效果被动态再结晶软化效果抵消时，流变应力开始降低。

由图 2.8 可以看出，在热压缩模拟过程的高变形温度和低变形速率下，烧结钼更快达到峰值流变应力，随后流变应力有明显下降的趋势；相反，低变形温度和高变形速率时，峰值流变应力更慢到来。这是因为高变形温度和低变形速率时，位错的活性较强，大量的位错有足够的时间进行滑移和攀移，动态再结晶软化效应更加明显。

金属材料塑性加工过程中流变应力受材料自身性能和加工条件的影响，其中，加工条件是流变应力的重要影响因素[209]。对烧结钼的热变形加工过程而言，变形抗力会随着变形温度的升高而降低，当变形温度大于再结晶温度时，烧结钼热变形将发生显著的动态再结晶，使变形抗力显著下降，动态软化作用明显。因此，当变形温度和应变程度恒定时，变形过程应变速率越高，变形抗力越大；在实际热加工过程中，应变程度往往决定加工道次及压下率。热压缩实验表明：随着应变程度的增大，流变应力往往增加至极大值后有下降的趋势。

2.4 钼烧结坯热塑性变形的本构模型

本构方程常用来描述材料变形的基本信息，它反映了流变应力与应变、应变速率以及温度之间的依赖关系[210]。塑性变形会显著改变材料的性能[106]，为了预测烧结钼的塑性热变形过程，必须首先确定其在热变形条件下的本构方程。它定量反映和描述了材料的真应力–应变、应变速率以及温度之间的耦合关系，是确定热变形工艺参数的基本依据[211-213]。为了建立本构方程，必须测量一定温度、应变速率范围内的流变应力值，这通常是由热模拟实验完成的。

从图 2.8 中可以看出，烧结钼在高温塑性变形时，流变应力与变形温度和变形速率之间有密切的关系[214]。绝大多数金属的热加工是热激活过程，钼烧结坯的本构模型可以利用热模拟测试获得的应力–应变数据作为基础，本研究使用由 Sellars 和 Tagart 修正提出的 Arrhenius 模型来进行描述，Arrhenius 模型可以反映稳态应力或峰值应力与变形参数的关系，方程具有较高的准确度，即

$$\dot{\varepsilon} = AF(\sigma)\exp(-Q/RT) \qquad (2\text{-}1)$$

式中，$F(\sigma)$ 为应力函数，R 为普适气体常数（8.314 J/（K·mol）），Q 为高温变形

激活能（kJ/mol），$\dot{\varepsilon}$ 为应变速率（s^{-1}），T 为变形温度（K），A 为钼的常数（s^{-1}）。应力函数 $F(\sigma)$ 在不同应力水平时有相应表达形式，如式（2-2）～式（2-4）所示。

在应力水平较低时，$F(\sigma)$ 可用指数形式来描述：

$$F(\sigma) = \sigma^{n_1}, \quad \alpha\sigma < 0.8 \tag{2-2}$$

式中，n_1 是与变形温度无关的常数，α 为应力水平参数（MPa^{-1}），σ 表示稳定流变应力或峰值应力。

在应力水平较高时，$F(\sigma)$ 满足幂指数关系：

$$F(\sigma) = \exp(\beta\sigma), \quad \alpha\sigma > 1.2 \tag{2-3}$$

式中，β 也是与变形温度无关的常数。对于所有应力：

$$F(\sigma) = [\sinh(\alpha\sigma)]^n \tag{2-4}$$

在两种应力下将式（2-2）和式（2-3）分别代入式（2-1）得到

$$\dot{\varepsilon} = A_1 \sigma^{n_1} \exp(-Q/RT), \quad \alpha\sigma < 0.8 \tag{2-5}$$

$$\dot{\varepsilon} = A_2 \exp(\beta\sigma) \exp(-Q/RT), \quad \alpha\sigma > 1.2 \tag{2-6}$$

式中，A_1 和 A_2 为材料的常数。研究表明 α 和 β 之间满足 $\alpha = \beta/n_1$。对式（2-5）和式（2-6）分别左右两边取对数得

$$\ln\dot{\varepsilon} = \ln A_1 + n_1 \ln\sigma - \frac{Q}{RT} \tag{2-7}$$

$$\ln\dot{\varepsilon} = \ln A_2 + \beta\sigma - \frac{Q}{RT} \tag{2-8}$$

其中，n_1 和 β 分别是 $\ln\sigma$-$\ln\dot{\varepsilon}$ 和 σ-$\ln\dot{\varepsilon}$ 曲线的斜率。将真应力-应变数据代入式（2-7）和式（2-8），通过线性回归处理得到不同温度下的 $\ln\sigma$-$\ln\dot{\varepsilon}$（图 2.9）和 σ-$\ln\dot{\varepsilon}$（图 2.10）关系曲线，将图 2.9 中所示直线的斜率求倒数后计算它们平均值为 $n_1 = 9.749$，另外，对图 2.10 中所有直线的斜率求倒数后计算它们平均值 $\alpha = \dfrac{\beta}{n_1} = 0.00519$。

此时式（2-1）和式（2-4）中的未知参数只有 A、n、Q，因而将式（2-4）代入式（2-1）中得

$$\dot{\varepsilon} = A[\sinh(\alpha\sigma)]^n \exp(-Q/RT) \tag{2-9}$$

将式（2-9）左右两边同时取对数得

$$\frac{Q}{RT} + \ln\dot{\varepsilon} = \ln A + n\ln[\sinh(\alpha\sigma)] \tag{2-10}$$

当 T 为常数时，对式（2-10）两边求 $\ln\dot{\varepsilon}$ 的导数得

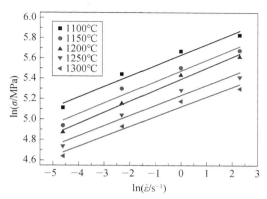

图 2.9 不同温度下的 $\ln\sigma$-$\ln\dot{\varepsilon}$ 关系

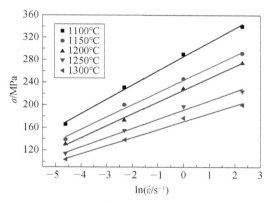

图 2.10 不同温度下的 σ-$\ln\dot{\varepsilon}$ 关系

$$1 = n\frac{\partial\ln[\sinh(\alpha\sigma)]}{\partial\ln\dot{\varepsilon}} \Rightarrow n = \frac{\partial\ln\dot{\varepsilon}}{\partial\ln[\sinh(\alpha\sigma)]} \tag{2-11}$$

即在一定的温度下，对于所有应力条件下的应力指数，n 为 $\ln\dot{\varepsilon}$-$\ln[\sinh(\alpha\sigma)]$ 曲线的斜率。

当 $\dot{\varepsilon}$ 为常数时，对式（2-10）两边关于 $\dfrac{1}{T}$ 求导得

$$\frac{Q}{RT} = n\frac{\partial\ln[\sinh(\alpha\sigma)]}{\partial\ln\dot{\varepsilon}} \tag{2-12}$$

因此将式（2-11）代入式（2-12）中，整理得

$$Q = RTn\frac{\partial\ln[\sinh(\alpha\sigma)]}{\partial\ln\dot{\varepsilon}} \Rightarrow Q = R \times \left\{\frac{\partial\ln\dot{\varepsilon}}{\partial\sinh(\alpha\sigma)}\right\}_T \times \left\{\frac{\partial\ln[\sinh(\alpha\sigma)]}{\partial\left(\dfrac{1}{T}\right)}\right\}_{\dot{\varepsilon}}$$

$$\tag{2-13}$$

令 $B = \dfrac{\partial \ln[\sinh(\alpha\sigma)]}{\partial\left(\dfrac{1}{T}\right)}$，$B$ 为曲线 $\dfrac{\ln[\sinh(\alpha\sigma)]}{\dfrac{1}{T}}$ 的斜率，因此：

$$Q = R \times B \times n \qquad\qquad (2\text{-}14)$$

变形激活能 Q 为金属发生塑性变形时，在此热激活过程中金属原子发生剧烈的热运动所需要跨越的能量"门槛值"[215, 216]。变形激活能 Q 与金属材料自身的化学成分有关，Q 值可能会因为化学成分的变化而出现极大差别[217-221]。

根据热模拟实验所得到的应力–应变图，利用最小二乘法进行线性回归处理，分别绘制出 $\alpha = 0.00519$ 时的 $\ln[\sinh(\alpha\sigma)]$-$\ln\dot{\varepsilon}$（图 2.11）和 $\ln[\sinh(\alpha\sigma)]$-$1/T$（图 2.12）曲线图即可求出平均应力指数 $n = 7.4316$ 和 $B = 5.7609 \times 10^3$。将 n 和 B 代入式（2-14）中求得变形激活能 $Q = 358.07045\ \text{kJ/mol}$。

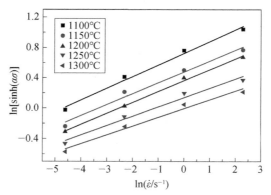

图 2.11　不同温度下的 $\ln[\sinh(\alpha\sigma)]$-$\ln\dot{\varepsilon}$ 关系

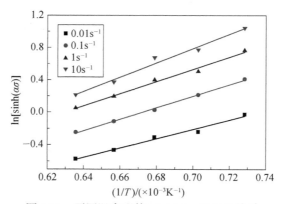

图 2.12　不同温度下的 $\ln[\sinh(\alpha\sigma)]$-$1/T$ 关系

Zene-Hollomon 参数 Z 用来表示烧结钼在高温塑性变形时的应变速率与温度

之间的关系[222]，即将式（2-9）变形可得

$$\dot{\varepsilon}\exp(-Q/RT) = A\ln[\sinh(\alpha\sigma)]^n \tag{2-15}$$

令 Z 用式（2-16）表示：

$$Z = \dot{\varepsilon}\exp(-Q/RT) = A\ln[\sinh(\alpha\sigma)]^n \tag{2-16}$$

对式（2-16）两边同时取对数得

$$\ln Z = \ln\dot{\varepsilon} + Q/RT \tag{2-17}$$

$$\ln Z = \ln A + n\ln[\sinh(\alpha\sigma)] \tag{2-18}$$

由式（2-17）可知，因为温度和应变速率已知，故而代入之前求出的变形激活能 Q 值即可求得 $\ln Z$ 的值，因而 Z 值为已知参数。因此，绘制出 $\ln Z$-$\ln[\sinh(\alpha\sigma)]$ 关系图（图 2.13），利用最小二乘法进行线性拟合，该回归直线的截距为 $\ln A = 21.3338$，因此 $A = 1.84 \times 10^9$。

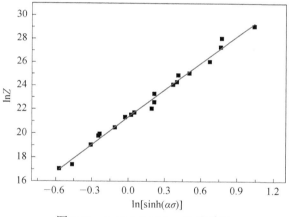

图 2.13　$\ln Z$-$\ln[\sinh(\alpha\sigma)]$ 关系图

从图 2.13 可以看出 $\ln Z$-$\ln[\sinh(\alpha\sigma)]$ 线性关系明显，相关系数为 0.9878，说明采用 Zene-Hollomon 方程参数 Z 可以准确地描述变形过程中的流变应力关系，得到参数 Z 与应力的关系如下：

$$\ln Z = 21.3338 + 7.4316\ln[\sinh(0.00519\sigma)] \tag{2-19}$$

将求得的所有参数代入式（2-19）中，得到钼烧结坯的高温塑性变形本构方程为

$$\dot{\varepsilon} = 1.84 \times 10^9 [\sinh(0.00519\sigma)]^{7.4316}\exp(-358070.45/RT)$$

2.5　钼烧结坯不同变形条件下的硬度分析

图 2.14 为烧结钼在不同变形条件下的维氏硬度。一方面，随着变形温度的

升高，硬度值急剧下降；另一方面，硬度值随着真应变的增加而增加，这清楚地表明由加工硬化引起的位错的积累在硬度变化中起重要作用。当在1100～1200℃下变形时，硬度略小于原始硬度，表明恢复过程可能是由于位错的重排和湮灭，即所谓的静态恢复[222, 223]。

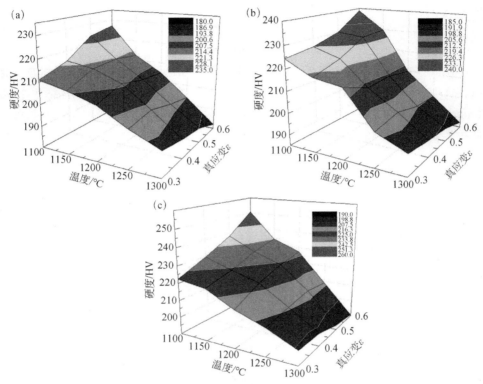

图2.14　不同变形条件下烧结钼的维氏硬度
(a) 0.1 s⁻¹; (b) 1 s⁻¹; (c) 10 s⁻¹

当变形温度超过1200℃时，硬度急剧降低，表明动态再结晶（DRX）开始。在晶粒边界处大量的动态再结晶晶粒成核和生长。同时，随着真应变的增加，硬度将在一定程度上降低，因为此时动态再结晶（DRX）主要起软化作用。如图2.14（a）～（c）所示，在1300℃时，当真应变为0.6，应变速率从0.1 s⁻¹增加到10 s⁻¹时，硬度值分别为182.11 HV、187.43 HV和190.51 HV。这主要是由于应变速率提高导致变形时间缩短，动态回复（DRV）和动态再结晶（DRX）的时间也缩短，晶粒软化不足，变形过程中的加工硬化效果没有得到有效的消除，导致硬度增加。

2.6　钼烧结坯不同变形条件下的微观组织演化规律

2.6.1　微观组织结构

　　Prasad 等[224]已经证明，由于存在大量的热变形，因此不宜单纯根据应力-应变曲线的形状来预测变形机制。如图 2.15（a）和（b）所示，变形晶粒具有高的纵横比并且整体形貌呈现出明显的流线型组织，此时有部分尺寸较小的再结晶晶粒出现在变形晶界周围，这是由于低温下再结晶晶粒不能充分长大。当变形温度升高到 1300℃ 时，如图 2.15（i）和（j）所示，变形晶粒尺寸明显大于其他变形温度下，同时容易发现再结晶晶粒有明显的长大现象。造成这种现象的原因是温度升高加剧了原子热振动，空位更容易移动，位错也易于滑移、攀移和交滑移，同时增强了晶界的迁移能力，增加了再结晶的形核率，促进了动态再结晶效应[225, 226]。

　　图 2.16 为烧结钼在温度为 1100℃，真应变为 0.6 时不同应变速率下变形后的金相组织。可以看出，在变形温度和真应变不变时，应变速率增加，晶粒发生严重的塑性变形，比较图 2.16（a）和（d），在应变速率较低时（0.01 s⁻¹）可

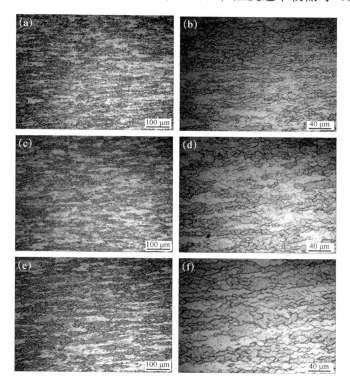

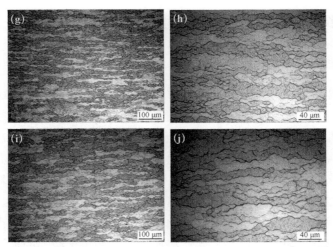

图 2.15   烧结钼在应变速率 0.01 s⁻¹、真应变 0.6 时不同温度下变形后的金相组织

(a)、(b) 1100℃；(c)、(d) 1150℃；(e)、(f) 1200℃；(g)、(h) 1250℃；(i)、(j) 1300℃

以观察到部分细小的再结晶晶粒，在应变速率较高时（10 s⁻¹）变形晶粒被严重拉长，几乎观察不到动态再结晶（DRX）晶粒的出现。这是由于在 1100℃，应变速率较低时，位错受到变形驱动力，运动较为缓慢，使得变形晶粒能够进行再结晶并长大；而应变速率较高时，晶粒必须在短时间内完成变形，晶粒没有充裕的时间长大及再结晶，位错数量由于变形而剧增，位错密度大幅度升高，导致再结晶形核率增加，形成了大量细小的晶粒，得到如图 2.16（d）所示的垂直于压缩方向的流线型微观组织。

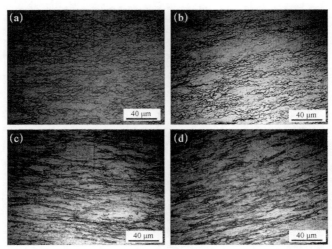

图 2.16   烧结钼在不同应变速率下变形后的金相组织（温度为 1100℃，真应变为 0.6）

(a) 0.01 s⁻¹；(b) 0.1 s⁻¹；(c) 1 s⁻¹；(d) 10 s⁻¹

为了探究整个变形过程中烧结钼的微观组织演变规律，需要在不同变形条件下对变形后样品的微观组织进行详细分析。EBSD 技术已经成为研究晶体材料的微观形态、结构和取向分布的有效分析工具[227, 228]。通过 TEM 观察变形样品的微观组织结构，以期探明变形过程中位错的演变规律[229]。图 2.17 显示了烧结钼在 0.1 s^{-1} 和其他条件下变形后的 EBSD 微观组织图。图 2.17（a）和（b）表示了在 1150℃ 时真应变为 0.3 和 0.6 的压缩样品的微观结构。此时，动态再结晶（DRX）现象不明显，没有明显长大的动态再结晶晶粒，并且结合真应力-应变曲线可以得出，此时的软化机制主要是动态回复（DRV）。值得注意的是，对于在 1150℃、真应变为 0.6 下变形的样品，微观结构中存在断裂的细长晶粒（箭头所示）。这是由于烧结钼变形时，晶格发生弹性畸变，位错密度增加，并且位错彼此集中，从而导致加工硬化。此时晶粒沿垂直压缩方向生长，而伸长的晶粒几乎是笔直的，这表明在这种变形条件下，由于真应变积累，晶粒发生破碎。

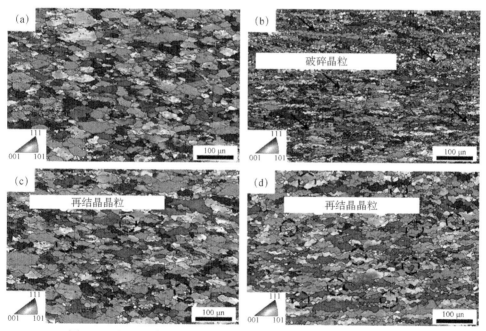

图 2.17　烧结钼在 0.1 s^{-1} 和其他条件下变形后的 EBSD 微观组织图
温度/真应变：（a）1150℃/0.3；（b）1150℃/0.6；（c）1250℃/0.3；（d）1250℃/0.6

图 2.17（c）和（d）为 1250℃ 下真应变分别为 0.3 和 0.6 的压缩样品的微观结构。当变形开始时，几乎所有变形的晶粒都垂直于压缩方向，如图 2.17

（c）所示，并且观察到一部分再结晶晶粒（用虚线圆圈标记），这表明晶粒易于在破碎晶粒晶界处形核。当真应变达到 0.6 时，由变形形成的位错塞积可以进一步为动态再结晶（DRX）提供驱动力，如图 2.17（d）所示，动态再结晶（DRX）晶粒的体积分数增加，并且再结晶晶粒的尺寸明显增大。Luo 等[230]分析了 Ti-6Al-4V 合金的热变形流变行为，表明稳态行为随动态回复（DRV）的增加而发生，足以抵消合金在等温压缩下的加工硬化作用。

　　通常将再结晶定义为当变形结构通过由存储的变形能量驱动的高角度晶界的形核和运动发展为新的晶粒结构时经历的过程[84]。图 2.18 为烧结钼的再结晶晶粒（蓝色）、亚晶粒（黄色）和变形晶粒（红色）的微观结构。如图 2.18（a）所示，在较低温度（1150℃）和 0.3 的真应变下，变形晶粒（红色）的体积分数约为 88.7%，此时只有少量再结晶晶粒，所占比例（f_R）为 7.4%。当真应变达到 0.6 时，如图 2.18（b）所示，再结晶晶粒的比例显著增加，为 24.8%，并且在破碎晶粒的晶界处出现了更细的再结晶晶粒。再结晶过程表明，烧结钼热压缩过程中塑性变形严重，存在大量缺陷，形成了高密度位错，同时在变形过程中存储了大量的畸变能，随着真应变的增加，所存储的能量作为形核驱动力被释放，从而降低了再结晶温度，提高了成核速率。

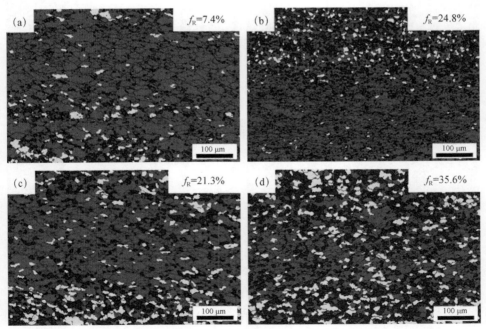

图 2.18　烧结钼在 0.1 s⁻¹ 和不同条件下变形的再结晶图

温度/真应变：（a）1150℃/0.3；（b）1150℃/0.6；（c）1250℃/0.3；（d）1250℃/0.6

同样，图 2.18（c）和（d）更清楚地显示了烧结钼热变形过程中发生的变化。烧结钼在 1250℃变形时，随着真应变从 0.3 增加到 0.6，再结晶比例从21.3%增加到 35.6%。值得注意的是，与在相同真应变但较低温度下获得的样品相比，高温样品的再结晶体积分数显著增加。这有两个主要原因：一方面，高温下，钼原子动能提高，临界切应力、热活化能和抗变形能力降低，对加工硬化有着一定的弱化效果，利于再结晶发生；另一方面，由于高温和低应变速率，位错塞积形成的畸变能可以为位错运动和晶界迁移提供更大的驱动力，位错因此活性增加，并且有着充裕的时间进行再结晶。晶体内有更多的位错可以进行滑移和攀移时，所造成的再结晶效应将更加充分，软化更加彻底。

由于没有第二相的存在，烧结钼只有两个主要的强化机制：位错强化（或应变强化）和细晶强化。在烧结钼热压缩变形期间，不仅晶粒细化，而且还引入了大量的位错。图 2.19 显示了在 0.1 s^{-1} 和 1150℃ 下变形的烧结钼的 TEM图。这与先前 EBSD 分析结果一致。随着真应变的增加，烧结钼基体中位错密度也相应增加，并且大量的位错由于塞积、缠绕和拦截而成为障碍，如图 2.19（b）所示，红色箭头标记的位错塞积聚集在晶界处。因此，一旦位错密度达到临界值，就会触发动态再结晶（DRX）效应。Kocks-Mecking（K-M）模型通常用于描述位错密度与应变之间的关系。该模型忽略了位错的重排和湮灭[231-233]：

$$\rho_M = k\varepsilon^2 \tag{2-20}$$

其中，k 是材料常数，ρ_M 是位错密度，ε 是真应变。

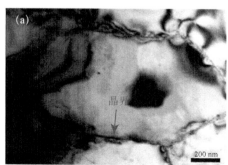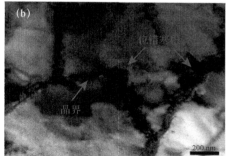

图 2.19　烧结钼在 0.1 s^{-1} 和 1150℃ 条件下的 TEM 图
(a) 0.3；(b) 0.6

此外，位错亚结构的演化在很大程度上取决于应变能（E_s），并且它们之间的关系已给出[234]：

$$E_s = \alpha\rho_M Gb^2 \tag{2-21}$$

其中，α 是位错相互作用项，G 是剪切模量，b 是柏格斯矢量。

从等式（2-20）和（2-21）可以看出，位错密度随真应变的增加而增加，如图 2.19 所示，这也导致应变能显著增加。因此，热变形过程中真应变增加会导致动态再结晶（DRX）的发生。另外，随着温度的升高，动态回复（DRV）和动态再结晶（DRX）晶粒的形核和生长会降低位错密度和应变能。因此，如图 2.19（b）所示，经过大量动态再结晶（DRX）后，可以获得具有均匀细晶粒特征的组织。

2.6.2　几何动态再结晶

图 2.20 显示了烧结钼在 1300℃ 下以不同的应变速率和真应变变形的 EBSD 图、晶粒尺寸和再结晶图。当真应变为 0.3 时，晶粒具有垂直于压缩方向的一定程度的变形，晶粒没有明显伸长，并且再结晶晶粒不明显，与原始组织没有太大差异。当真应变达到 0.6 时，如图 2.20（c）和（d）所示，显示出均匀的等轴晶粒，应变速率越大，动态再结晶晶粒越细，项链状形貌越明显。

与烧结钼的平均晶粒尺寸 24 μm 相比，在三种不同变形条件下的平均晶粒尺寸分别为 14.1 μm、11.7 μm 和 7.4 μm，如图 2.20（a）、（c）、（e）所示，晶粒因为变形都有着一定程度的细化，应变速率和应变程度越大，细化越明显。据统计，图 2.20（b）、（d）、（f）中的再结晶晶粒体积分数分别为 29.8%、44.5% 和 49.9%。结果表明，在 1300℃ 变形时，显微组织在很大程度上取决于真应变和

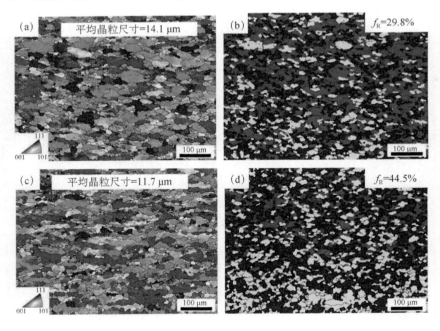

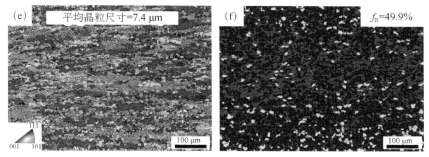

图 2.20　烧结钼在 1300℃ 下以不同的应变速率和真应变变形的 EBSD 图、晶粒尺寸和再结晶图
应变速率/真应变：（a）、（b）0.1 s⁻¹/0.3；（c）、（d）0.1 s⁻¹/0.6；（e）、（f）10 s⁻¹/0.6

应变速率。随应变速率和真应变的增加，晶粒尺寸细化，再结晶晶粒体积分数显著增加。

钼具有高的层错能（SFE），亚晶粒的结合是再结晶成核的方式，被称为几何动态再结晶（GDRX），如图 2.21 所示。相邻亚晶粒的一些位错被转移到滑移周围的晶界或具有高角度的亚晶界（此过程可以减少能量），导致中间亚晶界消失，接着两个或两个以上亚晶取向被原子扩散和位置调整改变，并合并为较大晶粒。随着大部分晶界上越来越多位错被吸收，相邻子晶粒之间的相差增大并逐渐变为高角度晶界，其迁移率高于低角度晶界（LAGB）。因此，它可以快速迁移并消除运动中的位错。

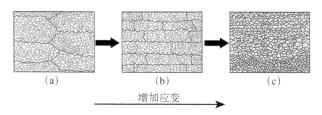

图 2.21　几何动态再结晶模型

在变形初期，流变应力因为位错的相互作用和扩散而增加。随着位错密度的增加，驱动力和回复速率相应增加，从而导致位错攀移和交滑移的发生，因此动态回复（DRV）在变形开始时起主要作用。在此期间产生了具有低角度晶界（LAGB）和亚晶粒的微结构。图 2.22 显示了烧结钼在 1300℃ 和不同条件下变形后的微观结构和取向差。取向差为 5°～15° 的低角度晶界（LAGB）用绿线表示。取向差大于 15° 的高角度晶界（HAGB）用黑线标记。在较低的真应变（0.3）处，可以看到包含亚晶粒的扁平状晶粒，如图 2.22（a）所示。低角度晶界（LAGB）占 29.9%，平均取向差为 30.82°。当真应变增加到 0.6 时，大多数变形晶粒会演变成等轴的微观结构（图 2.22（c））。低角度晶界（LAGB）占

24%，平均取向差为 **34.68°**，这是由于烧结钼在高温变形下的几何动态再结晶（GDRX）效应所致。此外，亚晶粒的尺寸几乎与真应变无关。由于原始晶界变形迁移到锯齿状，皱褶的晶界被钉扎，导致形成等轴晶结构，其亚晶尺寸被高角度晶界（HAGB）隔开。在 1300℃ 和 0.6 的真应变下，当应变速率从 0.1 s^{-1} 增大到 10 s^{-1} 时，从图 2.22（c）～（f）可以清楚地看到取向差的变化，高角度晶界（HAGB）占比随应变速率的增加而显著增加，这是因为应变速率增加导致变形时间缩短，并且晶粒没有足够的时间转向最适合变形的位置，亚晶粒只能通过机械旋转形成高角度晶界（HAGB），从而产生新的再结晶晶粒。同时，一部分区域因为变形热的作用，储存了更多的畸变能，再结晶形核点大幅度增多，导致生成的细小再结晶晶粒数量增多。

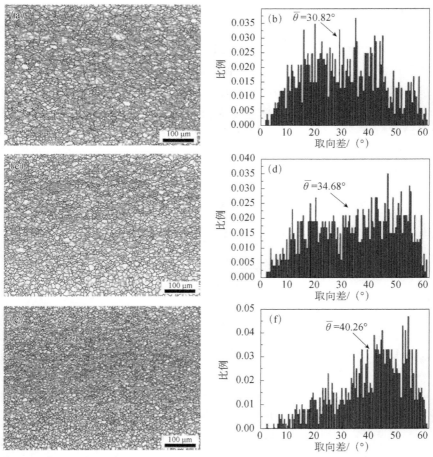

图 2.22　烧结钼在 1300℃ 和不同条件下变形后的微观结构和取向差

应变速率/真应变：（a）、（b）0.1 s^{-1}/0.3；（c）、（d）0.1 s^{-1}/0.6；（e）、（f）10 s^{-1}/0.6

2.6.3　热变形织构

当烧结钼在高温下热变形时，一方面会形成热变形织构，另一方面动态再结晶过程导致再结晶织构。然而，两个过程同时或交替发生，影响了热变形织构的强度和类型。这项研究的目的是探明烧结钼在高温塑性变形过程中，不同变形条件下的织构演变规律。通过 XRD 测定变形后烧结钼样品的织构组分。方向分布函数（ODF）通常用于测量变形材料的织构。特别是，$\varphi_2=45°$ODF 截面可以表征 bcc 金属材料中的典型织构成分[233]。本节通过测量烧结钼中三个不完全极坐标{110}，{200}，{211}来检测样品宏观织构，将不同变形条件的样品用 XRD 测量其织构，再用 MATLAB 软件分析处理数据，得到不同变形条件织构的极图（PF）、反极图（IPF）与三维取向 ODF 图。

图 2.23 为烧结钼在不同温度下变形后的 ODF 图。我们可以发现有两种典型的丝织构。一种是〈100〉//CD 丝织构，包括{001}〈100〉立方织构和{110}〈001〉Goss 织构；另一种是〈111〉//CD 丝织构，包括{112}〈111〉铜织构和{110}〈111〉织构。在较低的温度下，如图 2.23（a）所示，主要织构为{110}〈111〉，最大强度约为 6.2。另外，{001}〈100〉织构最弱，强度约为 4.3。{110}〈001〉织构的强度几乎等于{112}〈111〉织构的强度。随着变形温度的升高，〈111〉//CD 丝织构的强度降低。当温度高于 1200℃ 时，织构强度会明显减弱，尤其是{112}〈111〉织构在 1300℃ 下的强度仅为 2.0，如图 2.23（e）所示。结

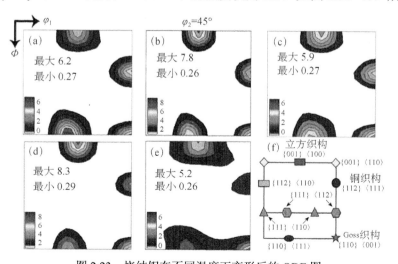

图 2.23　烧结钼在不同温度下变形后的 ODF 图

$\varphi_2=45°$，应变速率为 $10\,s^{-1}$，真应变为 0.6。（a）1100℃；（b）1150℃；（c）1200℃；（d）1250℃；
（e）1300℃；（f）$\varphi_2=45°$ ODF 中几种晶体取向指南

果表明，〈111〉//CD 丝织构的强度随温度升高而降低，这可能是由动态再结晶效应导致。此外，烧结钼的热变形温度对 〈100〉//CD 丝织构的强度没有明显影响。具体的织构强度变化如图 2.24 所示。

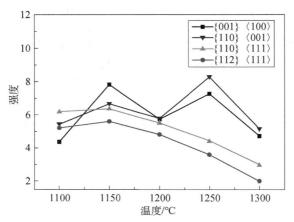

图 2.24　烧结钼在 10 s⁻¹ 和 0.6 真应变时不同温度下变形后的织构强度图

图 2.25 为烧结钼在 10 s⁻¹ 和 1100℃ 时不同的真应变下变形后的 ODF 图。显然，上面提到了两种典型的丝织构。特定的织构强度变化如图 2.26 所示。当真应变为 0.3 时，四个织构的最大强度为{112} 〈111〉铜织构，强度为 3.3。当真应变达到 0.5 时，四个织构的强度增加程度不同，{110} 〈001〉织构强度达到

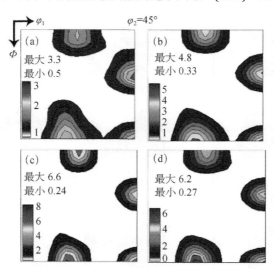

图 2.25　烧结钼在 10 s⁻¹ 和 1100℃ 时不同的真应变下变形后的 ODF 图
(a) 0.3；(b) 0.4；(c) 0.5；(d) 0.6

6.6。可以看出，随着真应变的增加，织构成分的强度显著增加。这表明，当烧结钼在这种变形条件下变形时，加工硬化起主要作用。此时，塑性变形以位错运动为主，伴随着基体缺陷密度的增加。当真应变大于 0.5 时，织构的强度降低，尤其是对于〈100〉//CD 丝织构。当真应变增加到 0.6 时，织构的强度继续降低，这表明由变形产生的形变能为晶粒旋转提供了驱动力，使之滑向优选的滑移系统，从而减弱了变形晶粒的各种错误取向[235]。

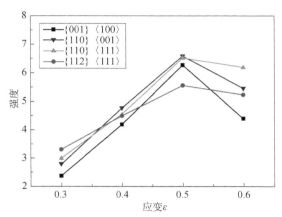

图 2.26　烧结钼在 10 s⁻¹ 和 1100℃ 时不同的真应变下变形后的织构强度图

为了比较不同温度下真应变对织构的影响，在 1250℃ 和相同应变速率下进行了实验分析。图 2.27 显示了该温度下的 ODF 图。显然，〈111〉//CD 丝织构

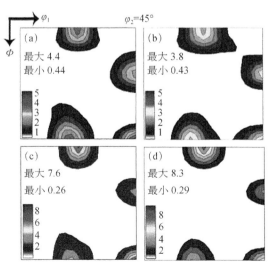

图 2.27　烧结钼在 10 s⁻¹ 和 1250℃ 时不同的真应变下变形后的 ODF 图

(a) 0.3；(b) 0.4；(c) 0.5；(d) 0.6

的强度没有明显变化。特定的织构强度变化如图 2.28 所示。结果表明，当烧结钼在此变形条件下变形时，{112}〈111〉织构强度从 3.25 增加到 3.8，而{110}〈111〉织构强度从 4.0 增加到 4.6。图 2.28 的结果表明，当温度升至 1250℃ 时会发生动态再结晶（DRX）。因此，烧结钼在 1250℃ 变形的初期，优先沿着晶界出现取向相似的动态再结晶（DRX）晶粒。随着变形的增加，那些动态再结晶（DRX）晶粒开始朝着首选的滑移系统旋转，导致动态再结晶（DRX）晶粒的随机取向，从而削弱了织构强度[236-238]。

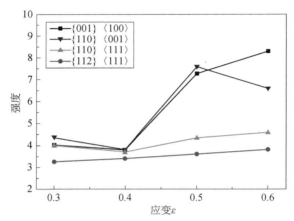

图 2.28　烧结钼在 10 s⁻¹ 和 1250℃ 时不同的真应变下变形后的织构强度图

2.7　小结

本章通过高温压缩实验对烧结钼在变形温度为 1100～1300℃，变形速率为 0.01～10 s⁻¹ 时的流变应力进行了探究，建立了烧结钼的真应力-应变本构方程，研究了烧结钼在不同变形条件下的微观形貌、再结晶晶粒体积分数、高低角度晶界占比等演变规律，检测了钼在不同变形条件下的硬度变化规律，探究了钼在不同变形条件下宏观织构的演化规律，完善了钼烧结坯的热变形行为理论，为优化钼热变形工艺提供了理论指导。主要结论如下：

（1）在 1100℃，1 s⁻¹ 和 10 s⁻¹ 变形条件下，随着应变的增加，真应力持续增加。在其他变形条件下，随着应变的增加，真应力-应变曲线中可观察到三种烧结钼的典型变形行为，分别为：①加工硬化行为；②稳态行为；③软化行为。

（2）流变应力随温度升高和应变速率降低而降低。在高温度和低应变速率的情况下，动态再结晶造成的软化现象更加明显，即流变应力在较低的真应变时达到峰值后下降。1200℃ 是区分粉末冶金钼的高温变形和低温变形的临界温度，并且流变应力对大于 1200℃ 的温度非常敏感。

（3）建立了烧结钼的真应力–应变本构方程：

$$\dot{\varepsilon}=1.84\times10^{9}[\sinh(0.00519\sigma)]^{7.4316}\exp(-358070.45/RT)$$

（4）烧结钼在 1100～1300℃ 变形时，随温度的升高，再结晶的形核率增加，促进了动态再结晶软化效应，同时硬度值也随着变形温度的升高而降低。在 1300℃ 变形时，随着真应变的增加，畸变能增加，为位错运动和晶界迁移提供了更大的驱动力，从而产生了几何动态再结晶（GDRX）效应，形成了由高角度晶粒边界分隔的亚晶粒尺寸的等轴晶粒结构。

（5）烧结钼在不同温度下变形后可以发现有两种典型的丝织构。一种是 〈100〉//CD 丝织构，包括{001}〈100〉立方织构和{110}〈001〉Goss 织构；另一种是 〈111〉//CD 丝织构，包括{112}〈111〉铜织构和{110}〈111〉织构。在低温（1100℃）和高应变（0.6）情况下，由变形产生的变形能量为晶粒旋转提供了驱动力，使其滑向优选的滑移系统，织构强度随着应变的增加而减弱，尤其是对于 〈100〉//CD 丝织构；由于动态再结晶（DRX）晶粒的随机取向，动态再结晶（DRX）行为对织构有着明显的减弱作用，织构强度随温度升高而降低，尤其对 〈111〉//CD 丝织构。

第 3 章　钼板材轧制加工过程的有限元模拟

3.1　钼板材的轧制制备技术

本研究首先采用粉末冶金制备技术制备钼烧结坯，然后对其进行钼板材的热轧制备，详细流程如图 3.1 所示，将通过粉末冶金方式获得的烧结坯料置于氢气气氛保护的炉子中加热至 1320℃，保温时间为 2 h，然后立即取出进行轧制。预期的轧制过程和轧制前后钼板厚度的变化如表 3.1 所示。

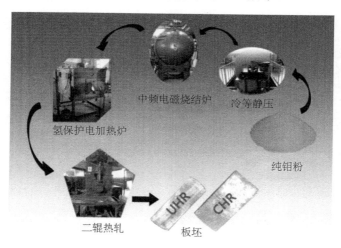

图 3.1　轧制钼板的制备过程示意图

表 3.1　轧制过程中轧制变形前后的钼板厚度和压下率变化

道次	轧前厚度/mm	轧后厚度/mm	压下率	
			单向热轧（UHR）	交叉热轧（CHR）
1	13.2	10.56	20%	20%（间隙沿垂直于轧制平面旋转90°）
2	10.56	7.88	25.38%	25.38%

3.2　钼板材的有限元模型设计

目前通过粉末冶金法制备钼板坯，而轧制工艺作为钼板材产品首要工艺应用仍然存在问题，缺乏必要的理论支撑。当前的研究大多仍借助实验性"试错法"开展，轧废现象相当严重，生产效率极低。因此，本章借助有限元软件 Marc 平台对烧结钼的单向热轧（UHR）与交叉热轧（CHR）两种工艺进行仿真，对轧制变形区典型的三个场（温度场、应力场、应变场）的相互耦合行为进行系统讨论与分析，初步为钼板材产品的工艺参数优化提供一定的参考与帮助。

3.2.1　有限元基本理论

有限元法作为大型高度非线性问题的求解方法已越来越受到人们的重视。在轧制工程领域主要有弹塑性有限元法和流动性塑性有限元法两种[239]。前者考虑加载与卸载前后两个过程的变形行为，其可获得形变后工件的弹性应变及残余应力变化，计算迭代过程相对复杂，但计算精度高；而刚塑性有限元法则忽略弹性变形，计算虽明显简化，但无法得到最终的残余应力分布。以下重点介绍弹塑性有限元法基本理论。

20 世纪 60 年代，Marcal 提出弹塑性有限元法概念，并将弹塑性刚度矩阵应用于结构受力分析，但后期在基于小变形假设求解轧制等大变形量问题时由于计算精度不足的原因逐渐形成了大变形理论与小变形理论，其主要差别在于，小变形条件下变形体的位移、应变和转动几乎忽略不计，而大变形时除考虑材料非线性外，还存在几何非线性难题。

1. 弹塑性有限元本构描述

当外载荷较小时，等效应力在低于屈服极限之前产生弹性应变（$\{\varepsilon\}_E$），服从 Hooke 定律，随作用力的加大，塑性应变（$\{\varepsilon\}_P$）逐渐形成，遵循 Prandtl-Reuss 准则[240]。整体变形量为

$$\mathrm{d}\{\varepsilon\} = \mathrm{d}\{\varepsilon\}_E + \mathrm{d}\{\varepsilon\}_P \tag{3-1}$$

在弹性阶段，应变与变形过程无关：

$$\{\sigma\} = [D]_E\{\varepsilon\} \tag{3-2}$$

其中，$[D]_E$ 为弹性矩阵。在弹塑性屈服阶段：

$$\mathrm{d}\{\sigma\} = [D]_{E-P}\mathrm{d}\{\varepsilon\} \tag{3-3}$$

其中，$[D]_{E-P}$ 为弹塑性矩阵。

　　2. 拉格朗日法描述弹塑性有限变形方程

　　轧制变形后的应力–应变关系通常采用拉格朗日法描述[241]。其以初始态质点坐标为参考，材料的硬化属性引入简单，接触问题处理方便。工件弱形式的平衡条件为虚功方程：

$$\int_{V_0} S_{ij} \delta E_{ij} \mathrm{d}V_0 = \int_{S_0} p_i \delta \upsilon_i \mathrm{d}S_0 + \int_{V_0} F_i \delta \upsilon_i \mathrm{d}V_0 \tag{3-4}$$

其中，V_0 和 S_0 分别为初始态工件的体积和表面积；p_i 为作用在部分表面 S_0 上的应力分量；F_i 为初始态单位力；E_{ij} 为内部质点的应变状态；$\delta \upsilon_i$ 为质点虚速度。

　　假定工件被划分为 N 个单元，任意单元内任意一节点位移记为 u_i，故单元内任意点位移 u 与该单元节点位移之间存在

$$\{u\} = \{\psi\}[N] \tag{3-5}$$

则有限变形刚度方程可为

$$\{p_i^{\mathrm{a}}\} = \int_V [B_{ij}]^{\mathrm{T}} S_{ij} \mathrm{d}V \tag{3-6}$$

其中，$\{p_i^{\mathrm{a}}\}$ 为单元节点作用力列向量。由于 S_{ij} 和 E_{ij} 具有非线性关系，故又可得式（3-6）的增量形式如下：

$$\{p^{\mathrm{a}}\} = [K]\{\Delta\psi\} = ([K]^{(0)} + [K]^{(1)} + [K]^{(2)} - [Q^{\mathrm{a}}])\{\Delta\psi\} \tag{3-7}$$

式中，$\{\Delta\psi\}$ 为节点位移列向量增量；$[K]$ 为单元刚度矩阵；$[Q^{\mathrm{a}}]$ 为载荷校正矩阵。

　　增量形式的本构行为描述为

$$\Delta S_{ij} = C_{ijkl}^0 \Delta E_{kl} \tag{3-8}$$

其认为材料为弹塑性体（各向同性且具有硬化特性）时，本构关系仍是非线性的。当变形增量为有限小量时，可认为增量应力与增量应变之间存在线性相关性。

3.2.2　有限元模型及边界条件设置

　　根据自制板材实际轧制过程，通过前处理界面 Mentat 建立板料与轧辊几何模型，随后利用八节点六面体单元分别进行三维网格剖分，得到有限元模型如图 3.2 所示。其中考虑到两种工艺的特殊对称性，仅以上下一半的模型进行处理，可大大减少模拟时间，提高求解效率。板材为弹塑性体，轧辊表面采用偏置密度进行网格划分，为可传热的刚体。利用本构模型进行 Fortran 编译构建钼的热塑性变形材料库。采用更新的拉格朗日算法求解大塑性变形问题，材料屈服行为服从 Mises 屈服准则，塑性区金属流动服从流动准则与硬化定律，板辊

接触摩擦用剪切摩擦模型描述界面行为。考虑的主要热边界条件如图 3.3 所示。最终确定的关键性模拟参数如表 3.2 所示。

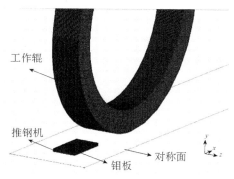

图 3.2　有限元模型

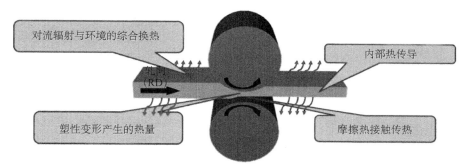

图 3.3　热边界条件

表 3.2　钼板模拟关键性参数

参数	数值
尺寸/（mm×mm×mm）	13.2×50×100
单元数量	19200
轧制速度/（rad/s）	2.6
初始温度/℃	1320
摩擦系数	0.3
板辊接触传热系数/（kW/（m²·K））	10.5
对环境的综合传热系数/（kW/（m²·s·K））	0.025
塑性变形生热系数	0.9
摩擦生热系数	0.95
从加热炉到辊前空冷时间/s	5.0
道次间隙时间/s	2.5～3.0

3.3   钼板材的有限元模拟结果与验证

3.3.1   轧制变形区温度场、应力场、应变场的耦合行为

1. 轧件变形分析

不同的热轧工艺下板材的整体轮廓演变情况不同。图 3.4（a）与（b）为单向热轧第一道次前后板型轮廓，板材在长度方向上沿着 RD1 不断伸长，由原始长度 100 mm 延伸到 117.99 mm，而宽向上由原来的 50 mm 增加到 52.93 mm。在单向热轧第二道次后（图 3.4（c）），纵向伸长在 RD1 方向上积累到 148.07 mm，宽向由于压下量的增加宽展到 56.16 mm。此时的板材长度明显增大，头尾部向外凸出的轮廓越来越清楚可见，而边部呈现为凹形。根本原因是，在咬入阶段，板辊接触界面较强的有效摩擦加快了表面金属的进给速度，而心部金属流动相对迟缓，这种由表面受 RD1 方向上严重拉应力作用而产生的塑性形变不均使得板材形成向外凸起的轮廓；在甩尾阶段，厚向的压缩作用驱动材料沿着轧制相反方向流动，表层金属流动小于心部，中间层金属的滞后导致沿着 RD1 方向上的合成速度降低，故同样产生了外凸现象[242]；而在稳定轧制阶段，变形区强烈的三向压应力作用迫使表面与心部同步变形，故其差异化明显低于头、尾部演变。在轧制间隙交叉换向轧制后的板型如图 3.4（d）所示，其变化特征与单向热轧相似，但是沿着 RD2 方向的纵向延伸达到了 70.01 mm，这极大拓展了板材沿着宽向的综合机械性能。

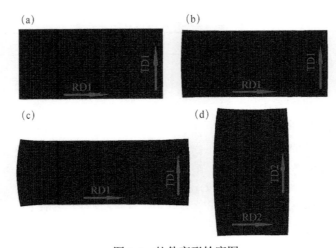

图 3.4   轧件变形轮廓图

（a）初始坯料；（b）UHR 第一道次后；（c）UHR 第二道次后；（d）CHR 第二道次后

为方便进一步反映变形区客观规律，选用如图 3.5 所示的区域（标记为青色）进行分析，其中线 DC，AB 分别为长、宽向对称分界线（即 DC 和 AB 分别恰为 UHR 和 CHR 的变形区中性面）。

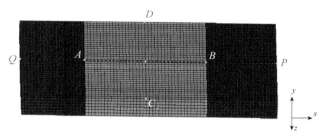

图 3.5　变形区分析示意图

2. 变形区温度场量演变分析

温度是影响钼板材塑性流动难易程度的一个重要指标，其直接关系着轧辊服役寿命与板材成形性能的好坏。图 3.6（a）和（b）分别为第一道次轧制变形区温度场量分布与温度增量云图，我们可以明显看出板材温度分布是不均匀的。dT/dt 表示了变形区内单位时间的温度变化情况，从入口到出口温度增量骤降趋势越来越小，这与表面温度从入口到出口越来越低是一致的。三个典型的热现象伴随于板材热成形过程：表面激冷效应，内部塑性变形生热，以及表面返温层的出现。具体而言，板材与冷轧辊接触造成表面区域形成了较为严重的激冷层，而在板材的内部由于塑性形变而产生了畸变热效果，随后在轧制出口的外区出现了内部高温热量向外表面的传导机制。这三种热效应共同作用影响钼板材自身热量产生与能量损失，直到建立短暂的动态热平衡。在轧制间隙，这种表层与内部金属的能量互相传递使得板材虽实现了短暂的"自我调节"，一定程度上使部分节点温度均匀，但是其温度总体上是降低的，这种属于钼金属本征特性的"自我调节"尚不足以在轧制间隙得以充分利用，这也是绝大多数金属经常需要快速轧出并回炉再加热达到均匀化的重要原因[243]。

另外，我们选取了板表面的线 AB 与 DC，研究了其在两种轧制方式下不同道次的历史场量分布，如图 3.6（c）～（f）所示。可以看出，板材在换向前后纵向线（AB）与横向线（DC）的温度梯度浮动非常剧烈，存在交替式浮动。具体而言，AB 线在单向热轧中一直处于纵向变形（RD1），故板表面变形温度先受轧辊激冷作用而降低，后因内部热传导而升高，而在交叉热轧中其转变为宽向中性面（TD2），其与轧辊作用产生的温度效果基本上是恒定的；DC 线在单向热轧时一直处于中性面处（TD1），温度几乎没有变化，而在交叉热轧时转化为纵向线（RD2），出现了与单向热轧相类似的规律。值得注意的是，即使单向热轧 *DC* 线上温度变化很小，但是边部温度依然小于中部，这是由边部与外界环境产生的对流和辐射所致。也就是说，板材沿着垂直于轧制平面旋转了 90°，板纵横向交叉互换使得板辊接触面积急剧增大，塑性变形加剧，内部热传导得以提高，板辊界面传热以及板表面与外界环境的对流、辐射共同作用决定着温度场的走势。总体来看，交叉热轧的温度场均匀化明显优于单向热轧。

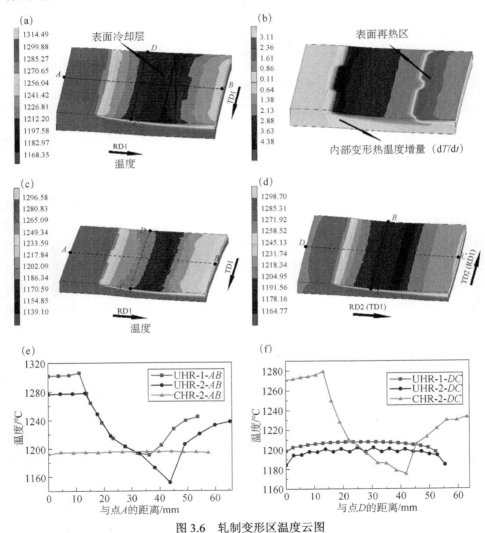

图 3.6　轧制变形区温度云图

（a）UHR 第一道次温度场；（b）UHR 第一道次温度增量云图；（c）UHR 第二道次温度场；
（d）CHR 第二道次温度场；两种工艺下不同道次温度演变历史：（e）*AB* 线；（f）*DC* 线

3. 变形区应力场量分析

应力作为内力的强度，是反映物体内部各质点因外载荷作用而趋向平衡的相互作用力。图 3.7（a）～（c）研究了划分的同一跟踪区域（变形区及部分外区）分别在第一道次、UHR 第二道次以及 CHR 第二道次纵、横向截面等效应力的分布。总体来说，无论是哪种轧制方式，钼变形区等效应力的分布都是不均匀的。不同道次下纵向截面共同特征以图 3.7（a）的第一道次为例，典型的变形区规律基本可划分为四个区域[244]：难变形区（Ⅰ）、易变形区（Ⅱ）与两个自由变形区（Ⅲ，Ⅳ）。其形成原因如下：处于Ⅰ区的金属因与轧辊强烈的接触摩擦而出现表面激冷作用，承受最为严重的流动应力束缚，故表面的等效应力最大（为 208.74 MPa），形成了难变形区；Ⅱ区的金属位于激冷层以下，并未与轧辊直接接触，主要承受沿板厚方向的压缩行为，故流动性大于难变形区，等效应力由表面向心部逐步递减，不断向中心层渗透，形成易变形区；Ⅲ区和Ⅳ区与变形区出入口相连并与外区毗邻，外区的静态阻碍作用难以抵抗轧辊沿

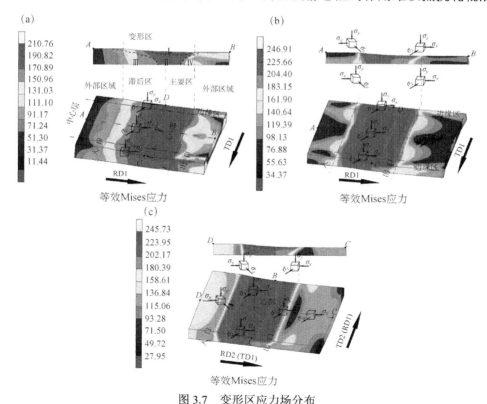

图 3.7　变形区应力场分布

（a）第一道次；（b）UHR 第二道次；（c）CHR 第二道次

板厚方向的压缩力，故在沿 RD1 方向上的金属流动速度最快，导致区域内等效应力最低，形成自由变形区。此外，随着轧制道次的增加，四个区域的等效应力都在不同程度地增加，而外区则在入口与出口附近存在一定的预应力区域且其分布离变形区越远，应力强度越小。

根据以上讨论，自由变形区金属流动梯度大，承受的变形约束少。为了探究其形成的根本原因，选取与外区交界的入口与出口为例研究其沿板厚度方向的内力演变规律，借助平行于坐标平面的微单元体来描述轧向（RD）、厚向（ND）、宽向（TD）不同部位的附加应力状态。两种工艺不同道次下变形区沿板厚向入口、出口与外区交界处附加应力分布如图 3.8（a）和（b）所示，显然入口与出口的表面在 RD1，RD2 方向上均有附加拉应力产生，而心部存在压缩力。具体来说，在第一道次时，表面的拉应力大于心部的压应力，造成了入口与出口较大的力场梯度，近似形成 "S" 形轮廓。随着压下量在 UHR 第二道次的积累，深透到心部的压缩力大于表面，板材在沿厚度方向上 "S" 形梯度几乎消失，整体表现为压缩性。我们在 CHR 过程中也发现同样的表面与心部规律，这种拉/压应力竞争差异性似乎显得更小，详细的微单元体应力图如图 3.7（b）和（c）所示。也就是说，无论是哪种轧制变形形式，随着压下量的不断叠加，表面与心部的这种拉/压应力共存现象可使得沿厚向差异显著缩小，极大改善板材沿厚向的应力均匀性，即产生 "拉齐" 效应[245]。

另外，两种轧制方式下入口与出口沿厚向的 σ_y 作用均为负值，UHR 的整体性压缩作用显得更为剧烈，而 CHR 产生的厚向压缩效应似乎有所削弱，这可能是由换向前后不同宽幅引起接触面积差异较大所致。而在沿着 σ_z 向的压缩应力从入口到出口两种工艺下的压缩性作用均在减弱，这说明在换向前后，其在各自的宽向上（TD1 和 TD2）由中心向边部可能存在一定的预拉应力趋势以促使宽展的形成。因此，随着轧制压缩的累积，厚度减小，也同样说明，沿板厚向上的应力已逐步处于平衡竞争状态，等效应力已基本上深入到轧件的心部，这对于钼原子达到金属键引力范围，焊合坯内微观气孔，完成由烧结态向轧制态的组织转变均具有重要意义。

根据图 3.7（a）～（c）变形区各个道次横向表面的等效应力云图，以 *AB* 线与 *DC* 线为例，提取得到两种工艺纵向与横向节点等效应力演变值，如图 3.9（a）和（b）所示。在 UHR 过程中，*AB* 线的节点等效应力总体表现为缓慢增大后急剧降低，最后作为残余应力留存于板表面。这是由于板材在辊缝进给过程中，入口到出口的应力不断累积，而应力最大处恰在金属晶粒越过中性面附近，一旦金属晶粒越过中性面，其流动显著加快；而 *DC* 线在第一道次的等效

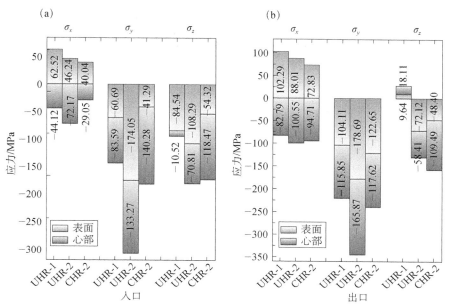

图 3.8　两种工艺不同道次下变形区沿板厚向附加应力分布

（a）入口；（b）出口

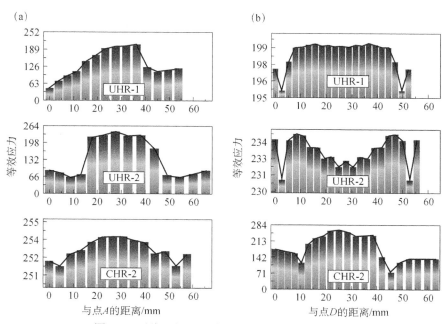

图 3.9　两种工艺不同道次下变形区等效应力演变

（a）*AB* 线；（b）*DC* 线

应力分布在 195.6～199.2 MPa 范围内，其等效应力波动非常小，分布从板中部向边部先略有小幅增加而后逐渐降低，而在第二道次时等效应力的这种变化趋势愈发明显，处于 231.0～234.6 MPa 范围内，这与钼板坯较强的道次遗传特性密切相关。

提取图 3.7 各道次中心线 AB 与宽向对称线 DC 的附加应力节点场量，进一步从附加应力场的角度深刻地解释 UHR 过程中 DC 线在不同道次的等效应力演变规律。分析图 3.9（a）得出：UHR 第一道次（UHR-1）时，处于变形区中部的单元受到轧辊压下而沿 RD1、TD1 方向流动，但板辊接触较强的界面摩擦约束限制了这种扩展，因此 RD1 与 TD1 方向上承受着压应力的束缚，即中部处于三向压应力状态；在板中部向边部区域方向上，这种三向压应力作用均在减弱，尤其在板边部，接触界面沿 TD1 向的摩擦约束明显小于中部，宽展量有所加大，σ_z 压缩行为逐渐降为 0。所以由体积不变定律可知，宽展量增大，轧制方向延伸率便减小，故在沿 RD1 方向上产生明显的附加拉伸应力，因此板边部表现为一压一拉应力状态，详细的微单元体应力如图 3.7（a）所示。UHR 第二道次（UHR-2）时，分析图 3.9（b）得出：压下量的叠加使 RD1 方向的三向应力作用进一步加剧，而 TD1 方向的摩擦阻力沿钼板中部向边部蔓延，边部的 σ_z 压缩性延伸到板材边缘轮廓点（C 和 D），进一步限制了宽展的增加。同样依据金属成形体积不变定律得出结论：宽展减小，板沿着 RD1 方向的延伸增加，σ_x 拉应力作用急剧降低，微元体的应力如图 3.7（b）所示。值得注意的是，第二道次 σ_x 峰值明显大于第一道次，这说明压下量的加大一方面虽对提高宽向摩擦约束、限制宽向扩展有利，但另一方面在板边缘引入了较大的残余拉应力，这对板材的进一步加工是不利的。此外，板边缘与环境的加速对流、辐射引起的温度热损失较快也是造成边部较大应力的客观因素。

同样，CHR 第二道次（CHR-2）纵横向交错的等效应力分析如图 3.9（a）、（b）所示，由于板材沿着垂直于轧制平面旋转了 90°，轧制方向的改变使得沿着线 AB 与 DC 的应力场量发生了交替分布，其等效应力均匀性显然是优于单向轧制的。AB 线在 UHR 第一道次时等效应力分布在 44.9～207.9 MPa 范围内的纵向（RD1），但是经交叉换向后等效应力均提升到 251.6～253.7 MPa 范围的横向（TD2），节点应力变化非常小；DC 线上在 CHR 时变为纵向（RD2），经历了 UHR 过程中纵向线 AB 的变形走势，在变形区出口的等效应力基本维持在 134.9 MPa 左右，这说明 CHR 对于降低 UHR 过渡边缘残余应力与中部应力之间的差异具有极大的贡献。结合图 3.7（a）、（c）与图 3.10（a）、（c），从附加应力场的角度认为：在 AB 线上，第一道次时原本处于 RD1 方向上的附加拉/压应力在第二道次全部转化为 TD2 方向上的压缩性应力；在 DC 线上，换向前后 TD1 方向上的压应力 σ_z 由 RD2 方向上的拉应力 σ_x 代替，这有利于板材沿着 RD2 方向上的延伸；RD1 方向上的拉应力 σ_x 转化为 TD2 方向上的压应力 σ_z，且 $\sigma_z > \sigma_x$，这不仅可以限制 CHR 沿 TD2 方向的宽展量，而且可以极大地修复 UHR 边缘区域的拉应力带，尤其在咬入阶段和甩尾阶段。而在出口的外侧，由于轧辊的压下结束，两种轧制方式下均出现了沿着线 AB，DC 的残余拉应力。

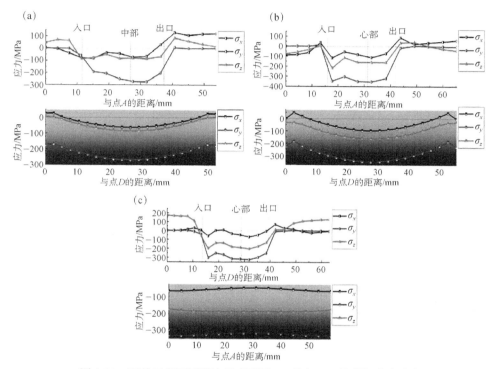

图 3.10　两种工艺不同道次下变形区 AB 线与 DC 线附加应力演变
（a）第一道次；（b）UHR 第二道次；（c）CHR 第二道次

　　综合以上分析，两种轧制方式下变形区应力不均匀的根本原因是轧制压缩应力、接触摩擦力以及外区阻力三者的共同作用[246]。RD 方向的拉应力有利于板材沿着纵向延伸，ND 方向的压缩应力可以增加板材沿厚度方向的成形量，提高静水压力[247]；TD 方向压应力的存在可限制宽展的形成。值得注意的是，变形区内纵、横向上均存在着三向压应力且 $\sigma_y > \sigma_z > \sigma_x$，这与最小阻力定律也是基本吻合的。我们由塑性力学理论可知，三向压应力的存在对于改善材料微观组织、提高加工可塑性、降低裂纹源形成的可能性均具有不可替代的指导价值。

4. 变形区应力场量演变分析

外加应力状态下连续质点偏移原始位置而产生的永久变形过程是衡量塑性能力的关键指标，其直接决定着质点位移方向进而产生塑性应变。如图 3.11（a）和（b）所示，钼板材的等效塑性应变分布在板厚向和宽向上同样也是不均匀的。在 UHR 时纵向上，轧辊的压下约束使板表面中部在三向压应力作用下承受较大的塑性应变，而心部由于压力渗透有所减弱，产生较小应变。但是，从变形区入口到出口，板厚度的减小使沿 ND 方向的受力趋于一致，沿 RD 方向的等效应变累积越来越均匀，板表面与心部的等效应变差异在出口附近最小。也就是说，金属晶粒一旦越过中性面，处于前滑区的金属在沿着 ND 方向的应变均匀性明显大于后滑区。同样的纵向应变规律可在图 3.11（d）中观察到。在横向上，等效应变基本处于波浪式分布，中部与边部的差异非常小。为进一步详细描述宽向上的应变分布规律，DC 线的演变历程分析如图 3.11（e）所示。在 UHR 时，宽向 DC 线上第一道次时的等效塑性应变在 0.2 左右，而第二道次时维持在 0.54 左右。即使这种差异非常小，但是依然存在由中心向边部微小递增的情况，尤其在近边部存在较大的波浪峰。结合图 3.12（a）～（d）显示的三向附加应变分析，以上出现在纵向上的应变规律可以解释为：板辊接触形成的压应力 σ_x 作用不断增强以及界面剪切摩擦作用造成的 RD1 向 ε_x 显著飙升；而在横向上，边部的界面摩擦约束小于中部，使得 TD1 向 σ_z 减弱，ε_z 呈拉应变分布，详细的微元体应变如图 3.11（a）和（b）所示。值得注意的是，板材中部 ε_z 大于边部，而 ε_x、ε_y 恰恰相反。

在第一道次完成后，当板材沿着垂直于轧制平面旋转 90° 进入第二道次时，CHR 下的等效应变如图 3.11（c）所示。纵、横向的应变分布规律与 UHR 时相似，但场分布明显优于 UHR。为进一步分析其交叉换向前后场量形成的差异性，同样，我们分析图 3.11（d）和（e）发现，从入口到出口 DC 纵向线等效应变趋势与 UHR 纵向线 AB 一致，但正是由于轧制路径的改变使得 TD1 向上变形得以拓展，应变状态显著改善，而 TD2 向上 AB 线的等效应变基本保持在 0.56 左右，受较大的宽幅限制基本处于抑制伸长状态。结合图 3.12（e）和（f），可解释为：相对于 UHR，板表面在纵横向交叉互换前后使得沿着线 AB 与 DC 的附加应力 σ_x、σ_z 相互竞争，而拉应变 ε_x、ε_z 交替补偿，极大地提高了板材沿着 TD2 方向上的可流动性。

综合分析以上两种工艺，与应力场不同的是，变形区存在着两向拉应变（ε_x，ε_z）与一向压应变（ε_y）且 $\varepsilon_y > \varepsilon_x > \varepsilon_z$。$\varepsilon_x$ 有助于板材沿着 RD1 与 RD2

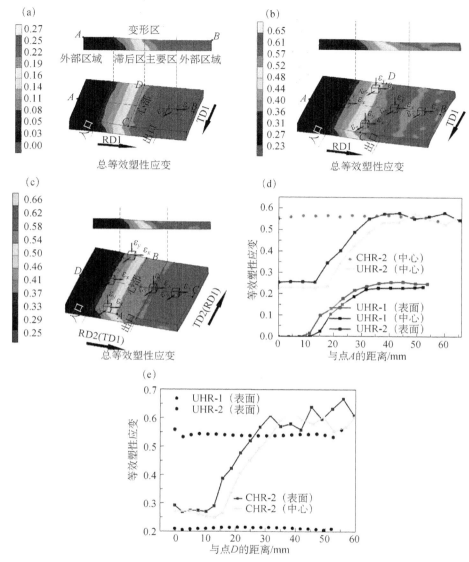

图 3.11　变形区应变场分布

（a）第一道次；（b）UHR 第二道次；（c）CHR 第二道次；（d）、（e）分别是 *AB* 和 *DC* 线上的等效应变演化

的延伸，ε_y 增强了沿板厚向的晶间结合力，而横向拉应变 ε_z 由中心向边部逐渐降低，形成的宽展尚可忽略不计，微单元体的三向应变情况如图 3.10（a）～（c）所示。也就是说，应变路径的改变使得板材长、宽发生互换，交叉互换方向显著弥补了 TD1 向的可延展性，开发了板材在 UHR 时沿宽向综合力学性能的潜力。这也表明交叉轧制对单方向形变造成的各向异性修复非常有效。

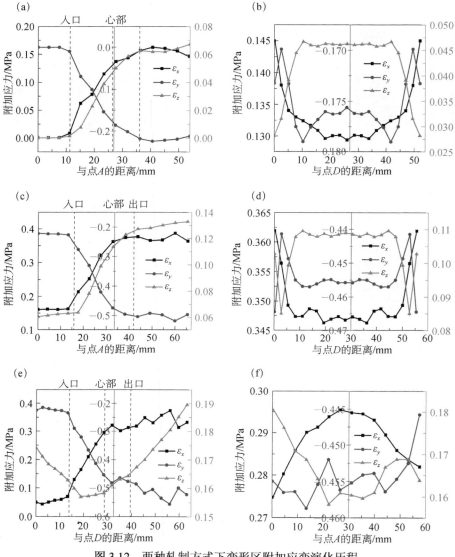

图 3.12   两种轧制方式下变形区附加应变演化历程
(a)、(c)、(f) 为 AB 线；(b)、(d)、(e) 为 DC 线

3.3.2   有限元模型实验验证

轧制模型的准确与否需要通过关键性的实验指标进行评判。当前主要对其轧制验证部分进行研究，具体的工艺过程如图 3.13 所示。将两块烧结板坯在具有氢气气氛保护的加热炉内加热到 1320℃，立即取出分别进行单向热轧与交叉

热轧。其中利用红外高温计测试板材表面正中心温度（见表 3.3），由于测试的复杂性和不稳定性，轧制力的验证仅借助经典的西姆斯热轧公式进行理论校核，具体验证过程如图 3.14 所示。尽管温度和轧制力存在一定的差异，但基本符合实际轧制过程，其中温度形成差异的主要原因是高温下钼坯表面易氧化（MoO_3）。

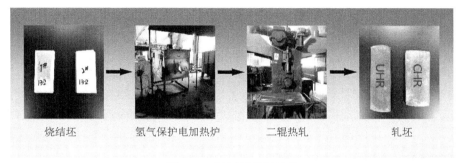

烧结坯　　　氢气保护电加热炉　　　二辊热轧　　　轧坯

图 3.13　钼板材轧制过程

表 3.3　两种工艺轧制前后板表面温度比较

轧制道次	板表面温度/℃	
	模拟值	实验值
第一道次轧前	1298.5	1307.8
第二道次轧前（UHR）	1273.2	1262.1
第二道次轧前（CHR）	1271.9	1253.5

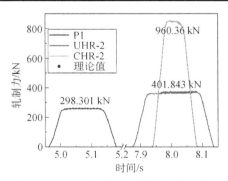

图 3.14　理论轧制力与模拟值的比较

3.4　钼板材的压缩变形工艺参数对流变应力的影响

综上分析，钼板轧制变形区场量的剧烈演变与温度、应力、应变等密切相关，它们的共同耦合作用影响钼的流变趋势。为了进一步确定较为合理的加工条件，本节着重研究不同工艺参数对表面激冷层、宽向附加拉/压应力以及轧向塑性应变的影响。

3.4.1 工艺参数对表面激冷层的影响

钼板材在进入辊缝之后，接近室温下的辊面与高温板坯表面存在较大的温差，这种界面接触传热会极大地影响板表面层的温度分布，进而使板表面与心部形成流动差异。如图 3.15（a）和（b）所示，以单道次为例，分别研究了固定压下率下不同初始轧制温度与恒定初始温度时不同压下率对表面激冷层深度的影响。可以发现，在固定压下率下，随着初始轧制温度的提高，板材塑性开动越来越容易，故塑性变形产热略微减小；而在恒定初始温度下，随着压下率的加大，塑性变形产热不断增强。此外，板表面到 $H/6$ 内温度变化非常剧烈，而在 $H/6$～$H/2$ 厚度内几乎无明显波动。也就是说，钼板材在不同加工工艺参数下表面激冷层的厚度几乎是不变的，大约为 $H/6$（<2.2 mm），这与镁合金板材表面激冷效果相当[125]。而在钢板的粗轧过程中，这种激冷深度仅为 $H/40$ 左右[248]。这意味着钼的表面激冷层深度较钢板厚得多，板温受冷辊面作用极为敏感。与其他金属相比，具有较高热导率的钼加工难度非常大。因此，在轧前适当地给轧辊预热将对降低板表面层激冷有很大帮助，但是这在一定程度上对轧辊使用寿命提出了巨大挑战。

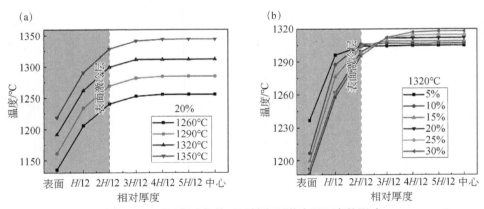

图 3.15　不同变形条件对板材表面激冷层深度的影响

3.4.2 工艺参数对板材宽向附加应力的影响

在其他条件不变时，我们重点研究了两种轧制方式在第二道次时中性面附近不同压下率对宽向附加拉应力 σ_x 的影响，如图 3.16（a）和（b）所示。可以看出两种轧制方式均在各自的宽向上存在拉/压应力分布，σ_x 从板边部向中部逐渐由拉应力转化为压应力状态。随着变形量的加大，边缘区域的拉应力不断增强且有向中部延伸的趋势。在宽向边部区域存在拉应力急剧下降的现象，这是由板边缘区域表面接触摩擦减弱，侧表面自由度缺失造成的。另外，在同等条件下还研究了不同摩擦系数对两种轧制方式第二道次宽向中性面处 σ_x 的影响，如图 3.16（c）和（d）所示。随着摩擦系数的增大，拉/压应力拐点从板边部向心部的走向刚好相反，尤其是当摩擦系数调整为 0.4 时，σ_x 几乎全部转化为压缩性。值得注意的是，在 UHR 时，最大压应力 σ_x 出现在宽向 DC 的中点附近，而 CHR 时 σ_x 并没有在 PQ 的中心位置，出现在近似 L/4 处。这可能是由于板材沿着轧制平面的旋转使得接触面积急剧增大，造成较大宽幅下纵、横阻力差异显著，使得板材中部可能存在一定的凸度或扭曲。

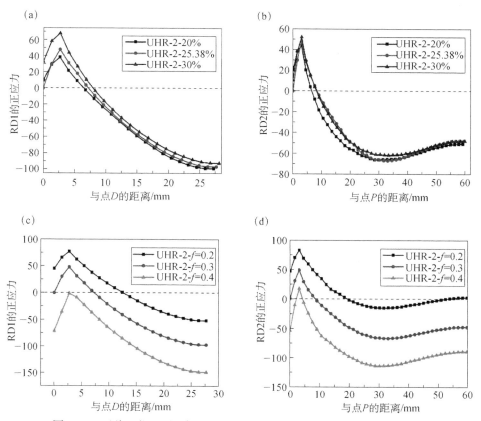

图 3.16　两种工艺下不同加工参数对中性面处 σ_x 沿宽度方向分布的影响

（a）、（b）压下率；（c）、（d）摩擦系数

3.4.3   压下率对轧向塑性应变的影响

板表面任意一点随压下率的加大应变变化虽然不尽相同，但是演变规律基本一致。以板材表面某点作为跟踪对象，着重研究其在 UHR 与 CHR 第二道次过程中沿 x 方向的塑性应变历史进程，如图 3.17（a）、（b）所示。显然，在 UHR 时，随着压下率的不断增大，沿 x 方向的塑性应变在纵向上不断累积造成板材严重各向异性；但在 CHR 时，即使第二道次的压下率与第一道次一致也不能平衡 RD1 与 RD2 沿 x 方向的应变量，而当压下率控制在 10%左右时板材的纵向与横向应变峰值差异最小。这说明道次间隙轧制方向的改变使得板材在第二道次前继承了 TD1 方向的横向应变，形成波谷，随后在第二道次极大地拓展了板材沿着横向的应变，形成二次波峰。正是这种应变路径的交错进行使板材纵横向性能趋于一致，极大地改善了板材在沿单方向应变下的各向异性。

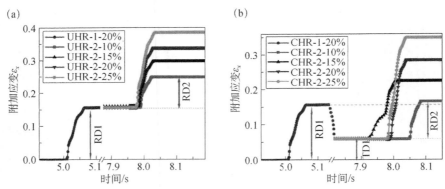

图 3.17   不同压下率对板表面某点沿 x 方向塑性应变的影响
（a）单向轧制；（b）交叉轧制

3.5   小结

本章通过对单向热轧与交叉热轧的二道次数值模拟，重点研究了其变形区形成差异的主要原因，主要结论有：

（1）板材温度场存在三种典型的热效应：表面激冷效应、内部因塑性变形生热和表面返温。在纵截面上应力场存在典型的难变形区、易变形区和自由变形区，应力的不均匀分布导致应变的不均匀。

（2）变形区应力不均匀的根本原因是轧制压应力、接触摩擦力以及外区阻力三者的共同作用。两种工艺下钼的变形区各个场量分布虽不均匀，但交叉热轧明显优于单向热轧；在纵/横向上存在着三向压应力且 $\sigma_y > \sigma_z > \sigma_x$，而变形区应变存在着两向拉应变（$\varepsilon_x$，$\varepsilon_z$）与一向压应变（$\varepsilon_y$）且$\varepsilon_y > \varepsilon_x > \varepsilon_z$。

（3）钼的表面激冷层深度大约为 $H/6$；板材在沿宽向上，边部分布着拉应力，心部分布着压应力，拉/压应力拐点随压下率的增大而向中部延伸，随摩擦系数的增大而表现出恰好相反的趋势。

第4章 钼板材轧制加工过程的组织与性能影响

4.1 钼板材轧制加工技术

4.1.1 实验原料

本研究为了消除原料中其他杂质成分对后续粉末冶金加工的影响，实验材料选用常规粒径（约 3.5 μm）的钼粉，松装密度为 0.95～1.40 g/cm³，钼粉由金堆城钼业股份有限公司提供，钼粉呈纯灰色粉末状，其化学成分如表 4.1 所示。在压制前将钼粉在 850℃ 下氢气气氛内还原 1 h，可以还原吸附在钼粉表面的氧，提高钼粉的纯度。

表 4.1　钼粉杂质元素含量

元素	含量/wt %	元素	含量/wt %	元素	含量/wt %
C	0.004	Al	0.0001	N	—
O	—	Si	0.0001	S	—
K	0.002	Mn	0.0001	Co	—
Fe	0.001	W	—	Ba	—
Ni	0.002	La	—	Cr	0.0001
Ca	0.0001	Ti	0.0001	Ce	—
Mg	0.0001	Zr	—	钼	Bal.

注：Bal. 表示剩余的百分含量。

4.1.2 实验过程

将还原后的钼粉装在模具内，使用金堆城提供的 YT79-500 液压机对钼粉使用冷等静压进行压制成形，压力为 180 MPa，升压速度为 18 MPa/min，保压时间为 8 min，卸压速度为 18 MPa/min。最终得到如图 4.1 所示冷等静压压制后的四份钼压制坯，其中压制坯的板形控制与冷等静压参数、模具的形状及原料钼粉的密度和形貌有直接关系。本实验中压坯中没有出现明显的"喇叭头"以及"缩头"现象，压坯板形较好。对在 180 MPa 压力下压制得到的压坯的密度进行测量，结果如表 4.2 所示，压坯密度分别为 7.090 g/cm³、6.446 g/cm³、6.760 g/cm³、6.905 g/cm³，四种压坯的平均密度为 6.800 g/cm³。一般钼压制出的压坯的相对密度为理论密度 10.8 g/cm³ 的 60%～65%，综合分析也说明冷等静压的压力、时间与常规粒径钼粉的选取是合理的。

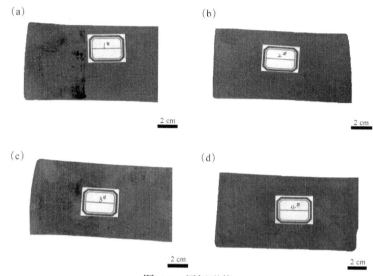

图 4.1　压坯形状

表 4.2　压坯密度

样品	质量/kg	体积/（mm×mm×mm）	密度/（g/cm³）
1#	1.0	127×74×15	7.090
2#	0.95	131×75×15	6.446
3#	1.0	136×75×14.5	6.760
4#	1.05	137×74×15	6.905

随后将压坯在中频氢气气氛烧结炉内进行固相分段式烧结，烧结温度为 1880℃，分别在 800℃、1200℃、1600℃、1880℃ 保温，保温时间分别是 2 h、1 h、2 h、3.5 h。烧结工艺如表 4.3 所示。

表 4.3　钼的烧结工艺

温度/℃	升温时间/h	保温时间/h
30～800	3	2
800～1200	2	1

温度/℃	升温时间/h	保温时间/h
1200～1600	3	2
1600～1880	2	3.5
	随炉冷却	

钼坯料在轧制过程中通过热轧、温轧、冷轧、热处理、碱洗工序制备不同变形率的轧制板材。根据传统钼轧制工艺以及钼金属的理论再结晶温度为1200℃，在1350℃对烧结坯进行开坯，开坯压下率为30%，热轧每道次压下率为20%～30%以内，温轧每道次压下率为10%～20%以内，冷轧每道次压下率控制在10%以下。将厚度为12.5 mm的烧结坯分别轧制为厚度为3.75 mm、2.5 mm、1.25 mm、0.625 mm的冷轧板材，变形率分别为70%、80%、90%、95%。

4.2　轧制变形率对钼板材的微观组织及硬度的影响

4.2.1　显微组织分析

通过金相光学显微镜对不同变形率（70%、80%、90%、95%）的钼的冷轧板材进行观察，其微观组织如图4.2所示。由于钼板材从厚度12.5 mm分别轧制至3.75 mm、2.5 mm、1.25 mm、0.625 mm，变形率最高达95%，经过大量的塑性变形后，板材呈现明显的加工流线组织，在70%变形率下时，晶粒尺寸大约为18.5 μm。随着轧制变形率增加到80%，加工过程中的大晶粒在轧制力的作用下发生破碎，达到细化晶粒的目的。轧制变形率增大，晶粒变形显著，越来越细小，流线组织更明显。当达到95%变形率时，各向异性更加明显，这是由于在轧制过程中，晶粒被挤压变形，沿轧制方向被拉长，晶格畸变严重，呈纤维状。变形率越大，坯料内部的晶粒间隙越小，该组织越均匀而细长，强度越高。

4.2.2　断口形貌分析

如图4.3为不同变形率下的钼的冷轧板材的拉伸断口形貌。从图4.3（a）、（b）70%和80%的冷轧钼板可看出：宏观上，断口的横向流线组织明显；微观上，断面上存在拉伸之后留下的撕裂脊和韧窝，断口表面凹凸不平，同时伴随部分解理面的存在，为解理断裂与韧性断裂的混合特征。因此，可确定70%和80%的冷轧钼板断口为韧-脆混合型断口。轧制形成的流线组织，晶粒之间相互并存，结合力较强，有效地降低了材料对裂纹的敏感性，从而提高了材料的塑

图 4.2　不同变形率冷轧板材金相组织

（a）、（b）70%；（c）、（d）80%；（e）、（f）90%；（g）、（h）95%

性。从图 4.3（c）、（d）可见，扫描断口较为平齐而光亮且与主应力垂直，断口附近没有明显的塑性变形痕迹，如颈缩现象，表现为明显的脆性断裂特征。从断口形貌可以判断，70%和80%延伸率较高，90%和95%延伸率较低。由脆性断裂理论可知，脆性断裂时裂纹的形核和长大与切应力导致的滑移有关，当滑移产生的临界分切应力超过界面结合力时就会形成解理面。

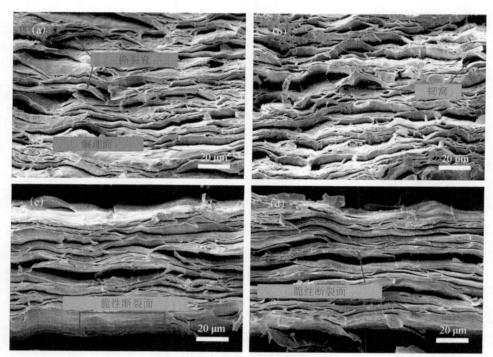

图 4.3 不同变形率下冷轧板材拉伸断口
（a）70%；（b）80%；（c）90%；（d）95%

4.2.3 位错组态分析

图 4.4 所示为70%、80%、90%、95%变形率板材的位错组态 TEM 图。随着变形率的增加，晶界处塞积的位错逐渐增多，又阻碍后面位错的进一步运动，循环往复相互牵制增加位错密度，在晶界处形成更多的位错缠结，产生加工硬化。变形率越大，加工硬化越严重，从而提高硬度和拉伸强度。

90%变形率的板材相比80%位错塞积较少，主要是因为90%变形率板材冷轧道次较少，冷轧过程是提高加工硬化的主要方式。相比70%、80%和90%变形率钼板，95%变形率钼板材在加工过程中冷轧道次最多，位错密度增加也最为明显，位错密度越大，在外力下位错在滑移过程中相互交割的机会越多，位错塞积在晶界处最多，相互之间产生的阻力越大，对外力的阻抗也就越大。换句话说，形变抗力越大，表明位错在运动的过程中受到的阻力也越大，位错便更容易在晶界处塞积起来，位错的密度迅速提高。正是这两者之间的相互作用，促使了硬度、强度迅速地提高。

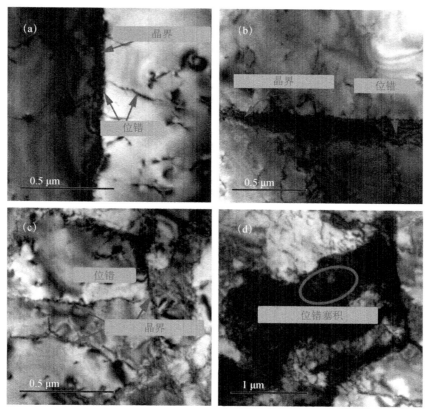

图 4.4　不同变形率板材的位错组态 TEM 图
(a) 70%；(b) 80%；(c) 90%；(d) 95%

4.2.4　织构分析

对于 bcc 金属而言，晶粒取向对其力学性能有着显著影响，同时，钼板在经过大量的塑性加工后，晶粒会具有明显的择优取向性。如图 4.5 所示为不同变形率的冷轧板材织构反极图，从反极图中可以看出，70%变形率的冷轧钼板织构轧向偏析于 〈111〉 方向，强度约为 1.86，由于钼体心立方的滑移方向为 〈111〉 方向，在变形初期会先形成 〈111〉 取向织构。相比于 70%变形率钼板，80%变形率的冷轧道次增多，平行于轧向〈111〉方向的织构向〈211〉方向偏转，在90%、95%变形率冷轧钼板的轧制热加工过程中，考虑到轧制过程中的降温以及累积的残余应力过大，热轧板材在1350℃回炉升温，导致这两种变形率的板材在原有的织构基础上在再结晶温度上形成了退火织构，据文献报道，bcc金属的退火织构大多相当于在原有的形变织构基础上在〈110〉轴转动30°，这也是织构轧向从〈111〉方向向〈211〉方向转动的主要原因[249]。80%、90%、95%变形率冷轧钼板均形成轧向偏聚于〈111〉与〈211〉方向之间的织构，强度分别约为2.5、2.54、3.46，同时形成了轧向偏析于〈100〉与〈210〉方向之间的织构和轧向偏析于〈210〉与〈110〉方向之间的织构，随着变形率的增加，这些取向的织构强度增加显著。

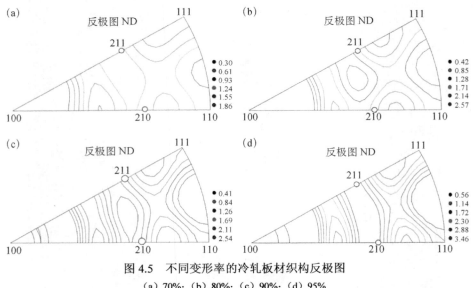

图 4.5　不同变形率的冷轧板材织构反极图
(a) 70%；(b) 80%；(c) 90%；(d) 95%

图4.6和表4.4为不同变形率下钼板材的硬度变化值，根据图表可知，随着变形率（70%、80%、90%、95%）的增加，钼板的维氏硬度呈现出逐渐上升的趋势，分别为238.78 HV、253.35 HV、252.42 HV、326.35 HV，其中95%变形率下样品的硬度值最大。80%比90%变形率板材的硬度值大，这是由于在轧制工艺中，80%变形率钼板轧制工艺中冷轧道次要多于90%变形率，冷轧工序对钼板的硬度和强度提高很明显，因此80%和90%变形率板材硬度差别不大。从图4.2显微组织也可以看出，相比90%变形率，95%变形率的冷轧板材显微组织中细长的流线晶粒组织最为明显，这也是硬度和强度提高的主要原因。一般来

说，在冷轧过程中，位错密度与轧制变形率有关，晶粒随着变形率的增加被拉长并破碎，产生加工硬化现象。因此，钼板材的强度和硬度变化与其冷加工的道次、变形率有关。另外，提高轧制变形率可减小钼坯料的孔隙率，使更多的钼原子间作用力达到金属键引力的范围，使晶粒间的结合强度得到显著提高。钼金属还具有优异的高温强度、抗蠕变性能、耐蚀性能及低热膨胀系数等优点。

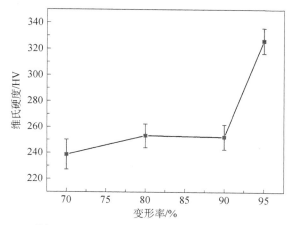

图 4.6　不同变形率下冷轧板材的硬度变化

表 4.4　不同变形率下冷轧钼板的硬度值

变形率	维氏硬度/HV	变形率	维氏硬度/HV
70%	238.78	90%	252.42
80%	253.35	95%	326.35

4.3　轧制变形率对钼板材再结晶行为的影响

由金相组织形貌、EBSD 晶界分布和再结晶体积分数分析结果可知，不同轧制变形率后的钼板材在 900℃ 下的晶粒形貌与晶界分布有些许差距。传统确定变形板材再结晶温度的方法是金相法，随着科技的发展，表征手段也与时俱进。采用差示扫描量热法（DSC）分析，避免了大量的实验，缩短了实验周期，节省了人力与时间。为了分析变形率对钼板材再结晶温度的影响，本实验根据再结晶过程中的热效应，对变形率影响钼板材再结晶温度的程度进行了分析，对回复及开始再结晶温度进行了测量。测定再结晶温度的方法有直接法和间接法两种。在金相组织图中直接计算得到退火过程中试样所生成的再结晶晶粒的百分数来确定其再结晶温度，简便易行，是一种广泛采用的方法。还有一种是 X 射线衍射法，通过测定再结晶过程中衍射环的变化，也可用硬度、电阻以及释放的热等物理量的变化来间接确定再结晶温度。

影响钼的再结晶温度的原因有很多。Rusakov 等[250]的研究发现，提高钼丝中 Al-K-Si 掺杂含量可以提高再结晶温度，比纯钼丝提高了 550~600℃。纯金属的再结晶温度除了受到实际纯度即晶界偏析的影响，还受到变形率等因素的影响。变形率除影响钼板材的组织形貌之外，也会影响到钼板的再结晶温度。

图 4.7 为四种变形率钼板材的热分析图谱，可以证实变形率对钼板材再结晶温度的影响。DSC 曲线整体呈现上升的趋势，主要是由钼的比热容导致的。从热重（TG）曲线观察到，随着温度从室温升高到 780℃ 左右，在这个加热温度范围内，变形钼板材试样没有发生较大的质量损失。在固体物理理论中认为晶格热容和电子热容构成了金属的比热容。在杜隆-珀蒂定律中，极低温时电子热容是不能忽略的，晶格热容随温度呈指数形式增加，电子热容随温度呈线性形式增长；室温时金属的比热容主要是由晶格热容决定的，可忽略电子热容；极高温时晶格热容接近恒定值，与温度无关。随着温度的增加，晶格热容和电子热容同时增加。因此，前半段曲线呈上升趋势，随后出现的两个放热峰对应再结晶过程，无论是再结晶形核还是晶粒长大都是放热过程。从变形钼板材的能

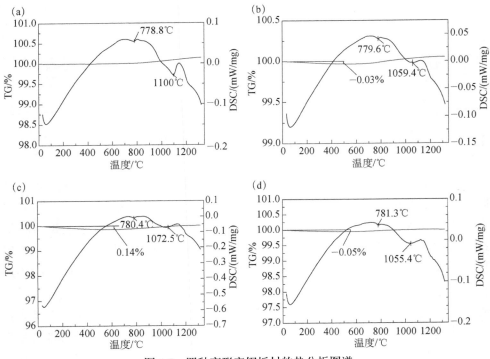

图 4.7　四种变形率钼板材的热分析图谱
(a) 70%；(b) 80%；(c) 90%；(d) 95%

量体系上看，其再结晶晶粒长大的驱动力是为降低其总界面能所释放的能量，晶粒长大是一个自发的过程。

图 4.7 中 DSC 曲线放热峰的数据列出如表 4.5 所示，可以看出，随着变形率从 70% 增加到 95%，再结晶温度并未受到太大的影响，均在（780±5）℃，影响较大的是晶粒长大起始温度，从 1100℃ 下降到 1055.4℃。越大变形率的钼板材，其再结晶热处理时为其再结晶提供能量需要的温度越低。根据 Wang 等[111]的研究发现，DSC 数据随着加热速率的增加会逐渐转移到更高温度，这种热滞后效应会使表观活化能 E 下降。

表 4.5　不同变形率钼板材 DSC 数据

变形率/%	再结晶温度/℃	晶粒长大起始温度/℃
70	778.8	1100
80	779.6	1059.4
90	780.4	1072.5
95	781.3	1055.4

根据钼氧相图分析得到，钼没有同素异形体，因此 DSC 曲线上的吸/放热峰与相变无关，不存在相变潜热，仅与热处理过程中的回复与再结晶过程相关。轧制变形的钼板材，尤其是大塑性变形后的板材，在热力学上处于高性能状态，具体的表现为纤维状组织、高形变储存能和位错密度，有自发地向能量较低状态转变的趋势，即自发地由非稳定状态向稳定状态转变。当变形钼板材退火时，温度足够高，给原子运动提供了突破势垒的能量，满足热力学要求，位错开始移动，亚晶界运动变为晶界，板材内部出现再结晶。

4.4　小结

本章对比分析了变形率对钼的组织与性能、再结晶行为的影响规律。检测了变形率为 95% 的钼板材在轧制过程中（开坯、热轧、温轧、冷轧）的组织和硬度的演化规律，并对断口形貌断裂行为做了观察分析，探究了 95% 的钼板材在轧制过程中的宏观织构的演化规律，以及热轧板材 47% 和冷轧板材 95% 变形率下晶粒取向、高低角度晶界占比、再结晶晶粒体积分数等，为轧制大变形率下的钼板提供相关理论支撑，主要结论如下：

（1）制定了合理的钼粉末冶金制备工艺（压坯参数、烧结工艺），得到压坯平均密度为 6.800 g/cm³，烧结坯平均密度 9.915 g/cm³ 接近于理论密度 10.8 g/cm³，又保证没有明显的粗大晶粒，平均晶粒尺寸为 24 μm，平均显微硬度为 176.10

HV，烧结坯的组织均匀统一，利于后续的塑性加工。

（2）变形率 70%、80%、90%、95%冷轧钼板的维氏硬度分别为 238.78 HV、253.35 HV、252.42 HV、326.35 HV，与烧结坯的 176.10 HV 相比有显著提高。冷轧道次越多，对其硬度提高越明显，其中 95%变形率下样品的硬度值最大。

（3）从 70%与 80%变形率钼冷轧板材的断口形貌可看出，断面上存在撕裂棱和韧窝，断口表面凹凸不平，同时伴随部分解理面的存在，断口为韧-脆混合型断口；90%与 95%变形率钼冷轧板材扫描断口较为平齐，表现为脆性断裂特征。

（4）从冷轧板材织构反极图中可以看出，70%变形率的冷轧板材形成了微弱的〈111〉织构，随着变形率的增加，轧向从〈111〉方向向〈211〉方向转动，80%、90%、95%变形率钼板均形成轧向偏析于〈111〉与〈211〉方向之间的织构、轧向偏析于〈100〉与〈210〉方向之间的织构和轧向偏析于〈210〉与〈110〉方向之间的织构。钼金属还具有优异的高温强度、抗蠕变性能、耐蚀性能及低热膨胀系数等优点。

（5）47%变形率热轧钼板中晶粒取向主要是〈111〉和〈100〉方向，随着轧制变形率的增加，〈111〉取向的晶粒会向〈110〉取向旋转。在 95%变形率冷轧钼板中旋转为〈100〉和〈110〉取向的晶粒。

（6）变形率对再结晶晶粒长大起始温度有影响，随着板材变形率增大，再结晶晶粒长大起始温度降低。变形率对钼板材的再结晶温度影响不大。

第 5 章 热处理对钼板材的组织 与性能影响

5.1 钼板材的热处理制度确定

钼金属的理论再结晶温度为 1048℃，钼板变形率的变化会使再结晶温度产生波动。为了得到满足要求的再结晶组织，改善轧制态钼板材稳定性[251]，设定较宽的热处理温度范围 800~1300℃，保温时间为 0.5~2 h，因钼易氧化，使用氢气保护。在温度区间内调整退火温度和保温时间制定等时和等温热处理工艺，具体的热处理工艺参数如表 5.1 所示。热处理选用滑轨管式炉，设备型号为 NBD-T1200-CMT80，如图 5.1 所示。热处理时升温速率为 20℃/min，升温至目标温度并保温，而后随炉冷却。

表 5.1 热处理工艺参数

时间/h	温度/℃									
	1073	1123	1173	1223	1273	1323	1373	1423	1473	1573
0.5	✓	✓	✓	✓	✓	✓	✓	✓	✓	✓
1	✓									
2	✓		✓		✓		✓			

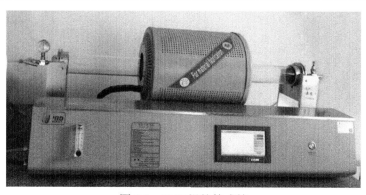

图 5.1 CNT 滑轨管式炉

5.2 热处理对钼板材组织结构的影响

5.2.1 热处理对钼板材组织形貌的影响

图 5.2 是四种不同变形率原始轧制钼板材的显微金相组织图。通过观察图 5.2（a），70%变形率的钼板材晶粒沿着轧制方向伸长，相比图 5.2（b）变形率为 80%的尺寸偏大。随着变形程度越来越大，晶粒的形貌越来越偏离烧结态近似球状的组织[252]，各晶粒沿着轧制方向逐渐伸长，当达到 95%严重塑性变形时，晶粒明显发生更大程度变形，形貌呈现出纤维状的"薄饼"状，如图 5.2（d）所示。对图 5.2 采用截距法[253]进行晶粒统计，可以得出钼板材变形率从 70%增加到 95%，晶粒的纵横比由 2.37 增加到 10.33。下面对影响钼板材的微观组织变化的热处理温度和保温时间两个热处理工艺参数分别进行讨论。

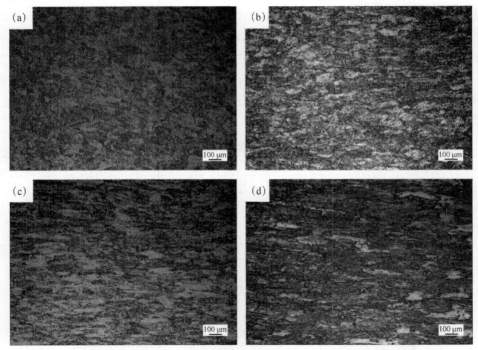

图 5.2　四种不同变形率原始轧制钼板材的显微金相组织图
（a）70%；（b）80%；（c）90%；（d）95%

1. 热处理温度对钼板材组织形貌的影响

在 900℃ 热处理工艺下（图 5.3（a）），因为温度低于再结晶温度，从金相组织图中未观察到细小的再结晶晶粒，仍然保持轧制态的微观组织形貌。以

100℃ 的间隔增加退火温度进行热处理，升高至 1000℃（图 5.3（b）），温度高于理论上钼再结晶的开始温度，变形钼板扁长的组织夹杂着极细的再结晶晶粒；退火温度继续增加，再结晶晶粒生长，相互吞并和制约，组织的晶粒逐渐趋于均匀的等轴晶，如图 5.3（d）所示，变形率为 90%的钼板的绝大部分组织完成再结晶时晶粒尺寸为 22.34 μm。

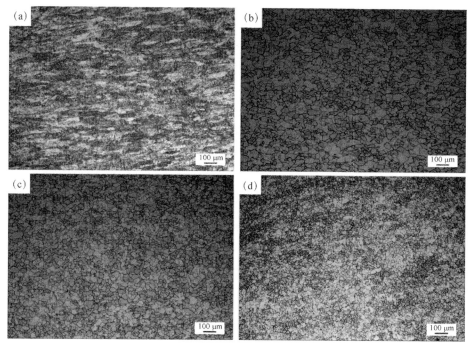

图 5.3　90%变形率钼板材 900～1200℃ 热处理 1 h 后的显微金相组织图
(a) 900℃；(b) 1000℃；(c) 1100℃；(d) 1200℃

　　在图 5.4（a）中，95%大塑性变形率的钼板材在 950℃ 热处理下，狭长的轧制纤维状晶粒应力比较集中的尖端、破碎晶粒周围及两个长晶粒夹住的地方可观察到细小、近圆形的新再结晶小晶粒的出现，以 50℃ 的间隔增加温度进行继续等时热处理，可以在图 5.4 中观察到再结晶形核数量的增加和再结晶晶粒逐渐长大的过程，"薄饼"状轧制组织逐渐淡化，并被等轴状小晶粒均匀组织所代替，变形率为 95%的钼板近乎完成再结晶时（图 5.4（f））的晶粒尺寸为 12.68 μm。对比图 5.3 与图 5.4 可发现，热处理温度越高，再结晶晶粒在组织中占比越大。晶界的平均迁移率 m 正比于 $e^{\frac{Q_m}{RT}}$，钼板材变形率一定时，原子扩散能 Q_m 为固定值，温度越高，给原子运动提供的能量越多，晶界迁移率就越大，宏观上再结晶晶粒长大得越快，在组织中占比越大一些。另有，变形率更大的95%钼板材再结晶一段时间后的晶粒更小，与原始轧制板材的晶粒尺寸有一定的遗传性。在低于再结晶温度的900℃退火中，轧制量大的钼板中先出现再结晶晶粒（图5.3（a））。相比于图5.3（a）和图5.3（d），变形率大的钼板材中再结晶程度更高。

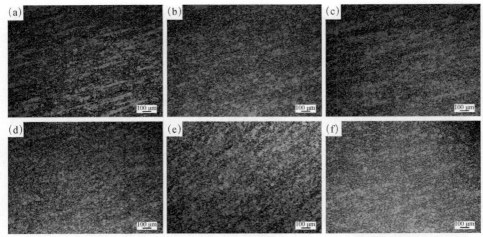

图5.4　95%变形率钼板材950～1200℃热处理1 h后的显微金相组织图
(a) 950℃；(b) 1000℃；(c) 1050℃；(d) 1100℃；(e) 1150℃；(f) 1200℃

2. 保温时间对钼板材组织形貌的影响

变形率为90%（图5.5）、95%（图5.6）的钼板在800℃等温热处理后，随着保温时间的延长，均保持典型轧制态组织，在金相图中没有观察到细小的再结晶晶粒产生；当在1000℃热处理并保温0.5 h后（图5.7（a）和图5.8（a）），两个变形率的钼板材中都可辨别出再结晶晶粒。在95%大塑性变形的板材中，再结晶晶粒的占比更大，显微组织近乎消失。在1000℃进行等温热处理适当延长保温时间，在金相图中观察到有更多区域出现再结晶晶粒，新形成的再结晶晶粒也渐渐长大，小晶粒与大晶粒制约生长，晶粒尺寸相当，最后生长成等轴晶，组织变得均匀。

对以上金相组织图进行对比，可以发现热处理的两个重要参数中对再结晶影响较大的是温度。从再结晶热力学角度来看，再结晶中的形核和晶粒长大消耗的是变形金属中的形变储存能，但是热处理的温度是为再结晶原子运动提供能量突破能量势垒，变形率越大的钼板材在热力学上越不稳定，向稳定状态转变的趋势越大，突破势垒所需的能量越小[254]。

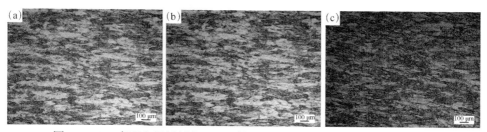

图 5.5　90%变形率钼板材在 800℃ 热处理 0.5～2 h 后的显微金相组织图

（a）0.5 h；（b）1 h；（c）2 h

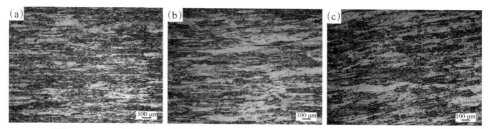

图 5.6　95%变形率钼板材在 800℃ 热处理 0.5～2 h 后的显微金相组织图

（a）0.5 h；（b）1 h；（c）2 h

图 5.7　90%变形率钼板材在 1000℃ 热处理 0.5～2 h 后的显微金相组织图

（a）0.5 h；（b）1 h；（c）2 h

图 5.8　95%变形率钼板材在 1000℃ 热处理 0.5～2 h 后的显微金相组织图

（a）0.5 h；（b）1 h；（c）2 h

　　从某种意义上，等温退火时间对变形钼板材组织的影响可以通过研究热处理过程中晶粒尺寸的变化来看。当退火温度一定时，单个晶粒的长大速度可用

退火时间 t 和晶粒尺寸 R 之间的函数表示，用 $\mathrm{d}R/\mathrm{d}t$ 表示晶粒长大过程中单个晶粒的长大速度，那么变形钼板材试样的平均晶粒长大速度可以使用组织平均晶粒尺寸 $\bar{R}$ 来进行计算。正常晶粒长大过程中平均晶粒尺寸和等温退火时间之间的关系在 Beck 公式[255]中是抛物线，具体如下：

$$\bar{R} = Ct^{\eta}$$

其中，C 为常数；η 为动力学时间指数，研究表明动力学时间指数 η 在正常晶粒长大过程中的理论值是 0.5。

5.2.2 热处理对钼板材织构转变的影响

钼板材的使用范围的扩大，对其尺寸要求日益增长，钼板良好的成形性能变得十分重要，通过热处理工艺调整组织织构来改善成形性能是有效的方法之一，对织构进行定量分析，能科学准确地分析热处理过程中钼板织构的演变过程。图 5.9 为 95%大塑性变形率的钼板在 800～1300℃ 等温处理 1 h 热处理后的 XRD 图谱。图中标记符号标出的是钼的粉末衍射卡片（PDF 卡片）中（110）、（200）、（211）、（220）晶面的衍射峰位。从图中可知，没有其他杂峰出现在 15°～90°扫描角度中，钼板材在热处理中没有受到其他杂质的污染。随着退火的温度升高，衍射峰的宽度减小，这主要是再结晶过程中晶格畸变和再结晶晶粒长大使得晶粒细化协同作用的结果；退火试样的谱图中，800℃、1000℃、1200℃ 与 900℃、1100℃、1300℃ 的（110）晶面衍射峰强度降低而（200）晶面衍射峰强度相对增加，这可能是由于热处理过程中轧制织构发生了演变。下面将对钼板材织构的变化进行讨论。

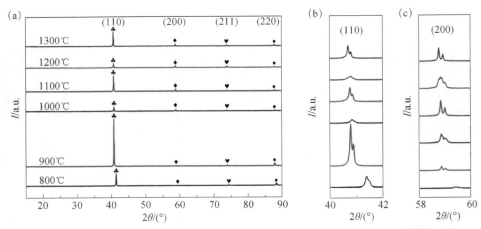

图 5.9 95%变形率的钼板在 800～1300℃ 等温处理 1 h 热处理后的 XRD 图谱（a）及（110）峰（b）和（200）峰（c）的局部放大图

　　钼板材经过塑性变形和热处理共同作用后，轧制织构（变形织构）和再结晶织构共同存在于板材组织中，其强度与分布取决于前期塑性变形率及后期热处理工艺。钼板材轧制后一般会形成织构，具有较高的层错能。Sachs[256]和 Roberts 等[257]的应力分析法是目前发展比较成熟的轧制织构形成机制，还有其他专家使用局部取向来研究轧制织构的取向。

　　在不同变形率的钼板材中均形成了 {110}//RD-TD 面的织构{110} ⟨110⟩，同时都还存在微弱的 ⟨100⟩{211}、⟨001⟩{211}、{211} ⟨110⟩ 织构。这些取向线与取向分布的高强度区域相对应无误差是假定的，但是现实条件下由于外界因素的影响，ODF 图的局部最大值会在理想点的周围偏离。当多晶体进行变形轧制时，随着变形率的增大，强度较大织构的强度随之增加。

　　变形后组织中已具有织构的金属进行退火处理发生再结晶，当再结晶晶粒也具有择优取向时会形成再结晶织构。通常情况下，再结晶织构与变形织构的取向关系有三种情况：①两者取向相同；②生成新的取向织构；③变形织构消失，生成等轴状再结晶晶粒，组织具有各向同性[258]。

　　钼板材的再结晶织构的主要类型与轧制织构类型有一定的关系。周邦新[259]研究了钼单晶的再结晶织构的取向，发现再结晶织构取向相同的轧制织构已经存在于钼板的显微组织中，另外，70%、80% 和 85% 变形率下取向织构为 ⟨110⟩⟨001⟩ 的再结晶织构取向不变，仍为 ⟨110⟩⟨001⟩，但是再结晶织构中弱织构的取向类型与变形率不相关。

　　为研究轧制钼板材在退火过程中织构的演变行为，本节利用 EBSD 手段对退火后大塑性变形钼板进行表征分析，采用 Bunge 法[260]，建立欧拉坐标系，使用欧拉角（φ_1，$\varPhi$，φ_2）表示织构的取向，以 φ_2 为常数，间隔 5° 计算 ODF 图。在 ODF 图中，米勒指数 {ND} ⟨RD⟩ ={hkl} ⟨uvw⟩ 可以由织构欧拉角（φ_1，$\varPhi$，φ_2）进行推算，bcc 金属的标准织构 ODF 图如图 5.10 所示。

　　图 5.11 为变形率为 95% 的钼板材 800℃ 退火后组织中的织构 ODF 图，根据欧拉角与米勒指数之间的对应关系，可得主要包含 Goss 织构（φ_1，$\varPhi$，φ_2=0°，45°，90°）、铜织构（φ_1，$\varPhi$，φ_2=90°，35°，45°）、S 织构（φ_1，$\varPhi$，φ_2= 59°，37°，63°）和黄铜织构（φ_1，$\varPhi$，φ_2=35°，45°，90°），存在的这四种织构中，Goss 织构和铜织构为主要织构类型，其余两种织构强度低属于弱织构。

　　依照此法，图 5.12 中变形率为 95% 的钼板材 900℃ 退火后的组织中存在强 Goss 织构、弱铜织构和 S 织构。图 5.13 中变形率为 95% 的钼板材 1000℃ 退火后的组织中存在强 Goss 织构、弱铜织构和 S 织构。图 5.14 中变形率为 95% 的钼板材 1100℃ 退火后的组织中存在强 Goss 织构、弱铜织构和 S 织构。

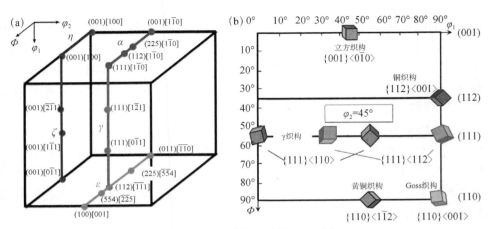

图 5.10　bcc 金属标准织构 ODF 图

（b）对应 $\varphi_2=45°$

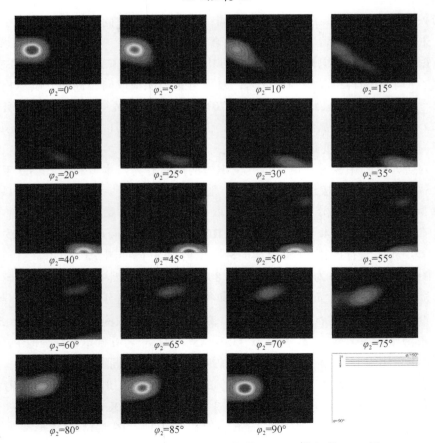

图 5.11　95%变形率钼板材在 800℃ 热处理 1 h 的织构 ODF 图

图 5.15 中变形率为 95%的钼板材 1300℃ 退火后的组织中只存在两种组分织构，分别为 Goss 织构和立方织构。

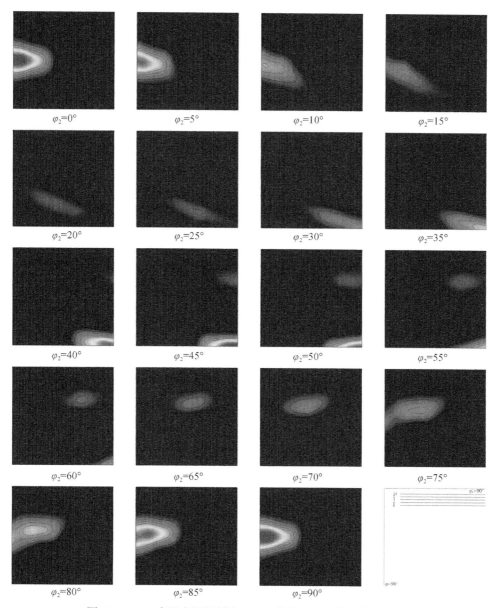

图 5.12　95%变形率钼板材在 900℃ 热处理 1 h 的织构 ODF 图

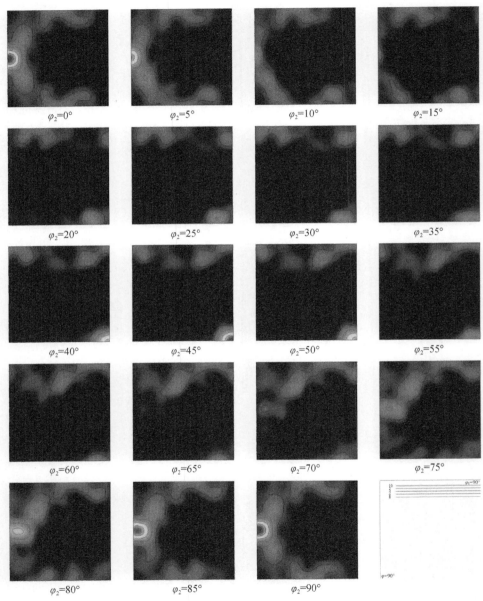

$\varphi_2=0°$　　$\varphi_2=5°$　　$\varphi_2=10°$　　$\varphi_2=15°$

$\varphi_2=20°$　　$\varphi_2=25°$　　$\varphi_2=30°$　　$\varphi_2=35°$

$\varphi_2=40°$　　$\varphi_2=45°$　　$\varphi_2=50°$　　$\varphi_2=55°$

$\varphi_2=60°$　　$\varphi_2=65°$　　$\varphi_2=70°$　　$\varphi_2=75°$

$\varphi_2=80°$　　$\varphi_2=85°$　　$\varphi_2=90°$

图 5.13　95%变形率钼板材在 1000℃ 热处理 1 h 的织构 ODF 图

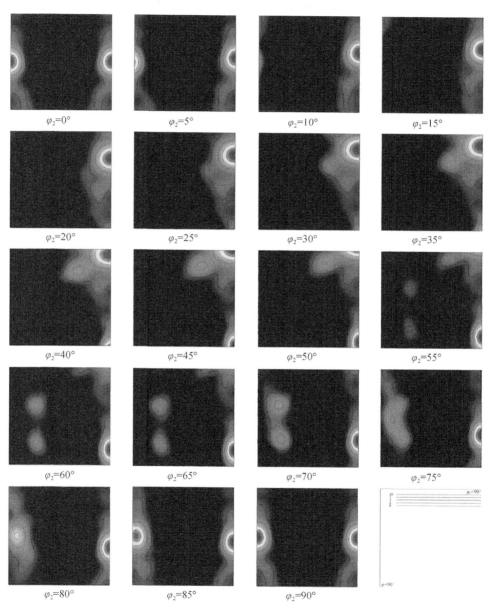

图 5.14　95%变形率钼板材在 1100℃ 热处理 1 h 的织构 ODF 图

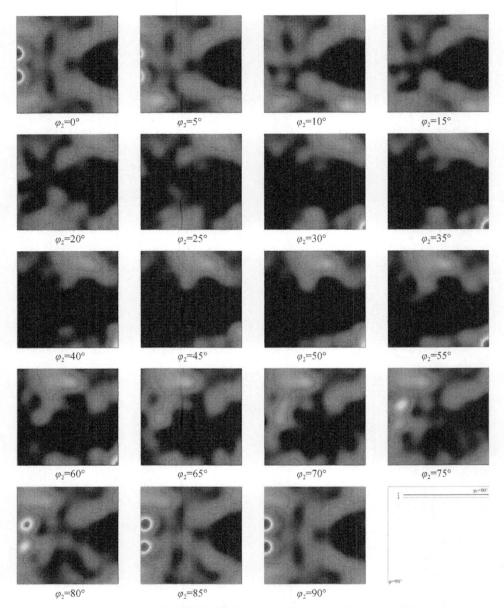

图 5.15   95%变形率钼板材在 1300℃ 热处理 1 h 的织构 ODF 图

立方结构金属的典型织构类型常用 $\varphi_2 = 0°$ 和 $\varphi_2 = 45°$ 两个截面表示。本节取用 $\varphi_2 = 45°$ 的截面，对 95%大塑性变形率钼板材的样品在 800～1300℃ 进行 1 h 的再结晶退火后的织构进行研究，其再结晶织构强度随退火工艺的变化如图 5.16 所示。

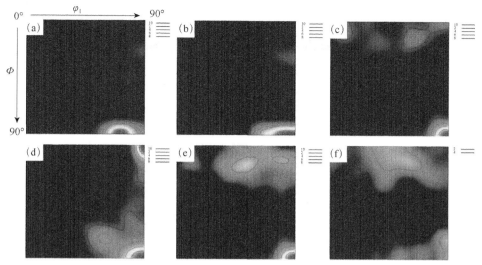

图 5.16 95%变形率钼板材在 800～1300℃ 热处理 1 h 的织构 ODF 图（φ_2=45°）
(a) 800℃；(b) 900℃；(c) 1000℃；(d) 1100℃；(e) 1200℃；(f) 1300℃

轧制过程中，由于位错的滑移运动，滑移面趋向于平行轧之前，变形时位错造成的取向变化趋势是滑移面趋于平行于轧制方向，体心立方结构的金属由于剪切力的作用，会有稳定的 Goss 织构形成[261]。轧制过程中，取向为{110}〈001〉的织构沿着平行于轧制方向{110}先开始移动，在剪切应力的作用下，最终形成了 Goss 和 Goss Twin（113）两种稳定塑性变形织构。在经历 1 h 800～1300℃ 等温热处理后，Goss 织构始终存在于钼板组织中。在退火温度由 800℃ 升高至 1300℃ 的过程中，发现铜织构的强度逐渐降低，板材中新增了立方织构。织构发生了转变，钼板材中也逐渐发生回复与再结晶过程，从图 5.15 中可知，弱织构的转化路径是由{112}〈110〉过渡到{110}〈110〉，最终转化为{001}〈100〉。这是热处理温度的变化对织构产生的影响，再结晶织构形成机制归因于微观组织中位错的运动。延长退火时间，亦能为再结晶过程位错/晶界的运动提供动力，织构也会相应转化。将退火时间延长 1 h，95%大塑性变形率钼板材在 900～1200℃ 热处理 2 h 的织构 ODF 图如图 5.17 所示。

若退火过程中延长保温时间，由图 5.17 中可知 Goss 织构为热处理钼板材织构的主要组分，对图中织构类型进行统计，如图 5.18 所示，Goss 织构的强度从 19.69 下降到 4.36。在 1000℃ 退火 2 h 后，铜织构{112}〈111〉有向（113）面过渡的趋势，在 1100℃ 退火 2 h 后，铜织构向立方织构转化，路径通过{001}〈110〉到{110}〈100〉。延长保温时间，从图 5.17（c）可发现，Goss 织构强度降低的原因是取向逐渐向 γ 织构进行转化，先转向{110}〈100〉，然后转向{111}〈112〉。

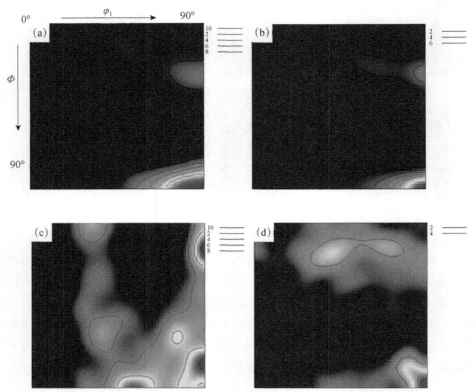

图 5.17　95%变形率钼板材在 900～1200℃ 热处理 2 h 的织构 ODF 图

(a) 900℃；(b) 1000℃；(c) 1100℃；(d) 1200℃

图 5.16 与图 5.17 中再结晶织构类型有些许不同，有可能与体系中各向异性的密度造成的应力定向分布有关。通过 Jensen 等[262]的研究发现，当再结晶晶粒最小弹性模量方向与形变基体内绝对值最大的应力方向重合时，释放出的应变储存最大，同时这也为再结晶提供能量，促进了再结晶晶粒的生长，形成再结晶织构且与形变组织有特定取向关系。

大塑性变形钼板材热处理后依然有形变织构，钼板材的再结晶织构很有可能与其轧制织构的取向相同。再结晶不同阶段的弱织构和强织构均向 γ 织构转化且强度降低，这个现象与再结晶形核和晶粒长大密不可分。再结晶过程伴随着形核与生长，这两个过程共同作用、其中某一过程起决定性作用，或仅是晶粒生长都会影响到再结晶不同阶段的织构转化与强度变化。

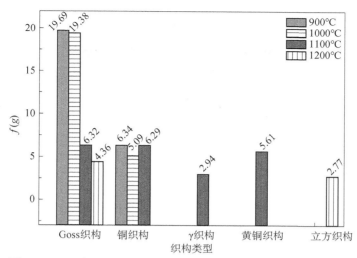

图 5.18　95%变形率钼板材在 900～1200℃ 热处理 2 h 的织构类型

钼板材变形率越大，热处理时越有利于立方织构的形成，改变最终板材的退火温度仅仅会使 Goss 织构的强度降低，其织构类型并不改变，而铜织构会向立方织构类型转化。

经历退火热处理发生的再结晶削弱了形变织构各向异性。再结晶织构的演变是一个复杂的过程，而且受到多种因素的综合影响。因此，再结晶织构的形成及演变机理的研究具有相当的难度，可以从晶粒取向变化的角度将再结晶分为再结晶形核和晶粒长大两个过程来探讨再结晶织构的形成过程。

5.2.3　热处理对钼板材晶界变化的影响

图 5.19 是变形率为 95%的钼板在 900～1200℃ 等温处理 2 h 后的晶粒取向图。图 5.19 中的试样所经历的热处理温度选择跨越了理论临界再结晶温度。在 900℃ 退火后（图 5.19（a）），钼板的晶粒从轧制的"薄饼"状开始以夹杂在细长晶粒中的细小破碎晶粒作为再结晶形核的质点开始再结晶，退火温度为位错运动提供了能量，发生多边形化和缠结在晶粒内部的亚晶逐渐运动的共同作用推动再结晶小晶粒的晶界移动，如图 5.20（a）所示。

退火温度升高到 1000℃ 以上，晶粒逐渐生长，长大过程中与相邻晶粒互相制约，最终长成尺寸相近的等轴晶，如图 5.19（b）～（d）所示。在 900～1200℃ 温度区间内退火 2 h，温度越高，形核速率越快，组织越均匀细小。此外，从图 5.19（a）中可以看出组织中再结晶形核并不均匀。

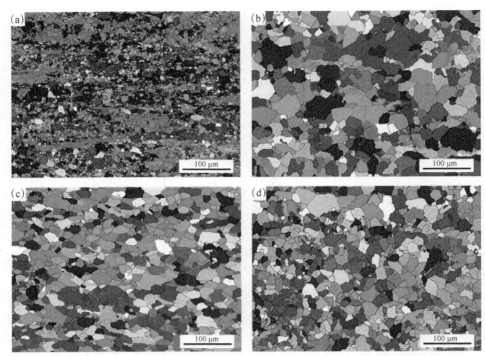

图 5.19　95%变形率钼板材在 900～1200℃ 等温处理 2 h 后的晶粒取向图

(a) 900℃；(b) 1000℃；(c) 1100℃；(d) 1200℃

图 5.20 是 95%大塑性变形率的钼板在 900～1200℃ 等温处理 2 h 后的 EBSD 晶界特征分布图。轧制变形的组织中存在随机分布位错的增殖并且缠结成对，图 5.20 (a) 中绿色线代表的是亚晶界，900℃ 回复后亚晶界仍紧密分布在晶粒中，在图中局部低角度晶界（LAGB）线密集分布。当在较低的温度进行退火时（900℃，2 h），钼板中发生回复，轧制板材内部的位错密度降低。结合图 5.6 (c)，在发生回复且未发生大面积再结晶时，试样的显微组织结构主要是由轧制后伸长的晶粒夹杂破碎的晶粒，大部分高角度晶界（HAGB）的形状仍保持着轧制形态；组织内位错的攀移导致亚晶粒的合并和滑移，促使亚结构多边形化并逐步形成晶界，绿色 LAGB 数量多，亚晶界密布于板材组织中。

随着退火温度升高，钼板中回复再结晶的过程逐渐完成，显微组织中的 HAGB（红色线）占比明显提升。随着温度的升高，再结晶的程度不断提高直至发生完全再结晶（1200℃，2 h），LAGB 在再结晶过程中逐渐移动形成 HAGB，HAGB 几乎占据了全部晶界。值得注意的是，即使相应的边界具有高能量和迁移率，贡献也不会消失。在晶粒生长过程中，其中一些边界消失了，但其他边界将形成，因为需要它们来保持正交晶的样品对称性[263]。

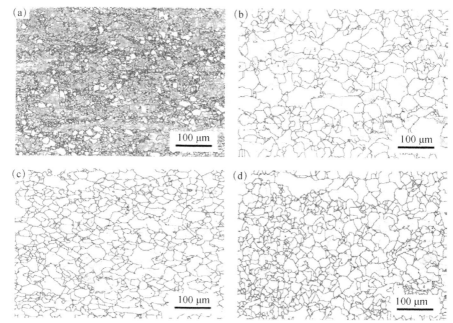

图 5.20　95%变形率钼板材在 900～1200℃ 等温处理 2 h 后的 EBSD 晶界特征分布图
(a) 900℃；(b) 1000℃；(c) 1100℃；(d) 1200℃

为了更直观地表现高、低角度晶界角度整体变化情况，对图 5.20 高、低角度晶界占比数据进行统计，结果如图 5.21 所示。在 1200℃ 退火后，HAGB 占比达到 86.85%。LAGB 逐渐消失和 HAGB 均匀分布，说明板材中再结晶进程逐渐完成，对所有晶粒取向角度进行统计分析（图 5.22），可知 EBSD 所测区域内晶界角度的平均值由 15.21° 增大一倍至 32.62°。对高、低角度晶界分布进行统计时，为了避免局部方向误差数据中的伪影，去除了小于 2° 的方向误差角，这可能是由单个颗粒内相邻像素间的实验波动所致。

变形钼板材在再结晶初期的回复阶段形成的低密度缺陷的亚结构会作为后面再结晶晶粒的形核质点。亚结构与变形钼板组织间的取向差小，不适合再结晶形核和晶粒长大，如图 5.19 所示，亚结构聚集在与变形钼板材基体取向差较大的区域并且优先形成可移动性较高的 HAGB，这样形成的结构可以作为再结晶的形核质点，在图 5.19 中可观察到。不同取向织构的形变储存能不同会导致再结晶晶粒在组织中分布不均匀的现象。通过计算，钼板材中{112}〈110〉取向具有较高的形变储存能，因此在这个取向周围可以更容易进行再结晶形核。

但是，实际钼板材的再结晶过程是非常复杂的，影响再结晶的因素很多，并不能在微观中剥离出再结晶形核的各种原因。因此，定向形核是再结晶的主

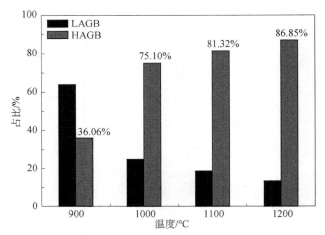

图 5.21 95%变形率钼板材在 900～1200℃ 热处理 2 h 后的高、低角度晶界分布直方图

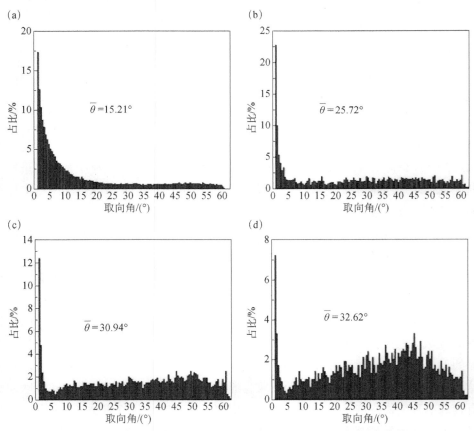

图 5.22 95%变形率的钼板在 900～1200℃ 等温处理 2 h 后的角度统计

(a) 900℃；(b) 1000℃；(c) 1100℃；(d) 1200℃

要形核方式，并可能伴随着其他的形核过程。

变形率为 95% 的轧制钼板材，塑性变形率极大，或当晶界迁移过程受到强烈的应力集中阻碍时，在其组织中发生特殊的回复过程——原位再结晶。在回复过程中，位错不断地运动生成 LAGB，在未发生 HAGB 迁移的情况下，位错密集区域出现了 HAGB（图 5.22）。如图 5.23 所示的 95% 大塑性变形率钼板材在 800～1300℃ 热处理 1 h 的晶界分布图中，细小的 HAGB 存在于相邻细长轧制纤维状组织之间和因轧制而破碎的晶粒周围。随着热处理温度的升高，1 h 热处理时钼板材的 HAGB 占比明显提升（图 5.24）。

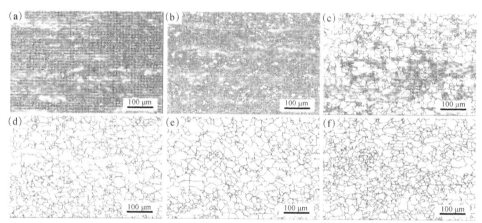

图 5.23　95% 变形率钼板材在 800～1300℃ 热处理 1 h 后的晶界分布图
（a）800℃；（b）900℃；（c）1000℃；（d）1100℃；（e）1200℃；（f）1300℃

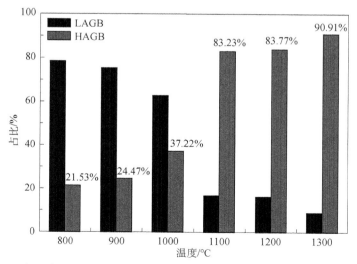

图 5.24　95% 变形率钼板材在 800～1300℃ 热处理 1 h 后的高、低角度晶界分布直方图

5.2.4 热处理对钼板材再结晶行为的影响

为了对大塑性变形钼板材的再结晶晶粒分布情况、再结晶晶粒与变形晶粒之间的排布关系及热处理过程对再结晶体积分数的影响进行分析，本实验对等温和等时热处理后的钼板材微观晶粒进行了观察和分析。

图 5.25 是变形率为 95% 的钼板材在 800～1300℃ 等时（1 h）热处理后不同状态（再结晶晶粒、变形晶粒和亚晶粒）晶粒分布。红色代表轧制态晶粒，黄色代表亚晶粒，蓝色代表再结晶晶粒。图 5.25（a）是 800℃ 热处理 1 h 后不同状态晶粒分布图，此时组织还处于轧制态，出现再结晶小晶粒，呈聚集抱团分布在轧制小晶粒且晶界密度大的地方。结合图 5.20，95% 钼板材中再结晶形核机制为亚晶形核，回复过程中有相邻亚晶界的相互抵消和合并，随着亚晶不断地运动，相邻亚晶界角度不断增加逐渐变为高角度晶界，形成新的无畸变再结晶晶核。

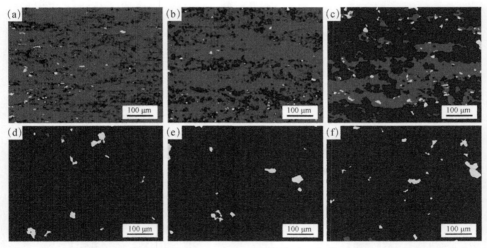

图 5.25　变形率为 95% 的钼板材在 800～1300℃ 等时（1 h）热处理后不同状态晶粒分布
(a) 800℃；(b) 900℃；(c) 1000℃；(d) 1100℃；(e) 1200℃；(f) 1300℃

热处理温度升高至 900℃，图 5.25（b）中再结晶晶粒形核数量增多，且先前再结晶形核的小晶粒逐渐长大，在整个组织中再结晶晶粒大致平行于轧制方向分布。无论是再结晶形核还是这个阶段中再结晶晶核长大为晶粒都消耗了轧制晶粒储存的能量。随着热处理温度进一步提高，图 5.25（d）～（f）中再结晶晶粒取代了轧制晶粒，成为组织中主要的晶粒。对图 5.25 中各晶粒占比进行统计后（图 5.26）可知，1100℃ 热处理后 95% 钼板材的再结晶体积分数达到97.96%，几乎完全再结晶。相比 1000℃ 热处理，再结晶体积分数增加了 33.05个百分点。

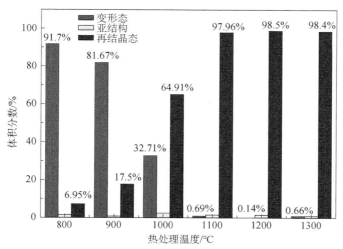

图 5.26　变形率为 95% 的钼板材在 800～1300℃等时（1 h）热处理后不同状态晶粒统计直方图

图 5.27 所示为变形率为 95% 的钼板材在 900～1200℃ 等时（2 h）热处理时再结晶晶粒逐渐取代轧制晶粒的演化过程，从图 5.27（b）可以更明显地观察到亚晶迁移为再结晶形核的主要过程。因 EBSD 的选取随机且测试区域小，轧制钼板材组织并不均匀，所以此统计数据与图 5.26 有出入。

再结晶实际上是一个热激活的过程，变形形成非稳态的组织，热处理过程提供的能量使组织发生形核过程并释放储存的畸变能，晶界不断迁移使晶粒逐渐生长，组织整体逐步向稳态转变，再结晶动力学和热力学是分析再结晶机制的重要理论基础，因此，通过分析再结晶体积分数得到这些参数的演化，就有可能得到再结晶过程的形核和生长方式：

$$\ln[-\ln(1-X)] = \ln K + n\ln t \tag{5-1}$$

采用网格法对钼板材热处理金相图进行图像分析，确定其再结晶体积分数，统计结果见表 5.2。结合表格中的具体数据，根据式（5-1）可得到再结晶过程中的 $\ln[-\ln(1-X)] = \ln K + n\ln t$ 曲线，如图 5.28 直线所示。

从图 5.28 中可以发现，根据再结晶体积分数拟合出的曲线为一条直线，没有明显的拐点，说明钼板材发生再结晶过程中机制不变。JMAK 方程的假设条件为：形核位置在基体中；随机均匀发生；形核率为常数，三维形核对应的 Avirami 指数的理想值为 4。95% 大塑性变形率的钼板材在 900℃ 再结晶过程中拟合得到的 Avirami 指数是 3.6，小于 4。这主要是由于轧制组织的不均匀性导致应变储存能集中分布，部分大晶粒内部没有形成小晶界的亚晶组织，再结晶晶核优先在应变储存能处形成，偏离 JMAK 方程假设的理想条件。

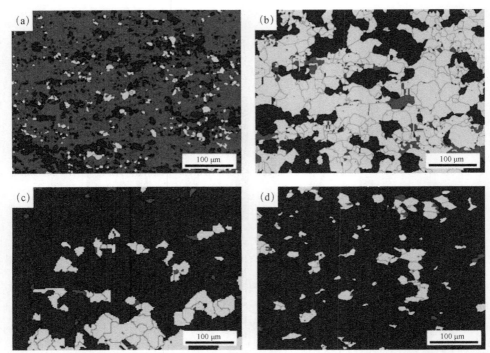

图 5.27　变形率为 95%的钼板材在 900～1200℃ 等时（2 h）热处理后不同状态晶粒分布

（a）900℃；（b）1000℃；（c）1100℃；（d）1200℃

表 5.2　变形率为 95%的钼板材 900℃ 等温热处理再结晶体积分数

保温时间/h	再结晶体积分数/%
0.5	14.2
1	17.5
2	21.5

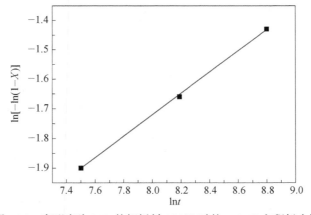

图 5.28　变形率为 95%的钼板材 900℃ 时的 JMAK 方程拟合图

5.3　热处理对钼板材力学性能的影响

5.3.1　退火温度对钼板材性能的影响

　　四种变形率的钼板材通过本章制定的热处理工艺后对其进行微观组织的观察和力学性能的测试。图 5.29 为 70%、80%、90% 和 95% 四种变形率的钼板材在 800～1300℃ 热处理 1 h 后的显微硬度变化曲线，其明显呈现出三个阶段：800～950℃ 缓慢下降，950～1050℃ 快速下降，1050℃ 之后硬度数值平稳波动。具体数据如表 5.3 所示。

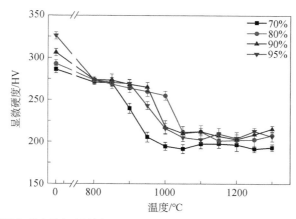

图 5.29　不同变形率的钼板材在 800～1300℃ 热处理 1 h 后的显微硬度变化曲线

表 5.3　不同变形率的钼板材在 800～1300℃ 热处理 1 h 后的显微硬度

热处理温度/℃	不同变形率下显微硬度/HV			
	70%	80%	90%	95%
0	286.20	293.40	306.20	326.35
800	271.10	273.20	274.20	272.96
850	271.13	268.89	273.26	270.30
900	240.2	264.35	268.30	269.530
950	205.54	259.92	264.98	243.45
1000	194.95	254.99	217.01	216.04
1050	191.46	211.6	209.58	204.84
1100	197.45	212.03	212.33	202.80
1150	197.81	201.30	207.01	209.73
1200	196.59	201.96	202.62	204.27
1250	191.67	202.40	208.53	212.94
1300	193.31	207.56	215.29	206.30

随着变形率的增加，轧制钼板材的显微硬度呈逐渐上升的趋势，70%变形率钼板材的显微硬度为 286.2 HV，经过 95%大塑性变形率的钼板材的显微硬度为326.35 HV。热处理前的钼板材由于在一定范围内提高轧制变形率可使烧结坯料内部的晶粒间隙减小，有更多的钼原子间作用力可达到金属键引力的范围，通过金属键的键能提升晶粒间的结合强度[264]。第一阶段显微硬度的缓慢下降，结合第 4 章钼板显微组织演变过程来看，与板材中的回复有关。热处理温度较低，钼板发生回复，此阶段的硬度变化很小，约占完成再结晶后整体硬度变化值的 1/5，大部分或是全部的宏观内应力消除，亚晶粒尺寸变化不大；从图 5.29中这个阶段的显微硬度变化曲线的斜率可以看出，变形率较大的钼板材的回复速率更大。回复过程进行的速率与能使变形金属中位错密度提高和畸变能增大的因素均有关系。图 5.29 中钼板材变形率增加导致的晶粒尺寸减小、比表面积加大都会加快回复速率，这是由于内部因素的影响。热处理温度高，回复速率快是由于外部条件的影响。

第二阶段不同变形率钼板材的显微硬度值快速下降了 40～50 HV，此阶段钼板材中发生再结晶，组织中生成了大量新的无畸变再结晶晶粒，影响显微硬度的组织内应力和位错缠结的因素消失，显微硬度值下降；随着第三阶段无畸变的再结晶晶粒渐渐长大，Hall-Petch 关系 $\sigma = \sigma_0 + kd^{-\frac{1}{2}}$ 指出显微硬度值与晶粒尺寸有关，从图 5.29 中可知，1200℃ 热处理后 95%大塑性变形率的钼板材的显微硬度稍高于其他钼板，也是与其晶粒尺寸小于其他钼板有关，再结晶完成时硬度值维持在（210±5）HV。此外，钼具有高的层错能，轧制变形后的回复和初期再结晶过程显著降低了组织中的缺陷密度和再结晶驱动力，减小了随后再结晶的速率。此阶段升高热处理温度对显微硬度值的影响效果弱于第二阶段的原因是，这个阶段再结晶过程刚刚结束，退火温度对形核率 N 与晶粒长大速率 G 的比值影响小，晶粒尺寸的影响较弱，表现出硬度值在很小的范围内波动。

通过分析可以得出，热处理温度对变形钼板材显微硬度值影响较大的范围是 950～1050℃，这个温度范围对应变形钼组织中生成大量形核及晶粒开始长大的过程。因此，若既要调控变形钼板材的显微组织又要保持板材的硬度，需要关注组织中的再结晶晶粒体积分数。再结晶完成后，组织均匀的大塑性变形（90%、95%）钼板材较 70%变形钼板材的硬度值高（10±3）HV。

5.3.2   保温时间对钼板材性能的影响

图 5.30 是 70%、80%、90%和 95%四种变形率钼板材 1000℃ 等温热处理后

的显微硬度变化曲线。从图 5.29 中得知，950～1050℃ 热处理板材硬度数值快速下降，板材软化效果明显，在这个温度范围内选择了 1000℃ 的等温退火来探究保温时间对钼板材力学性能的影响。

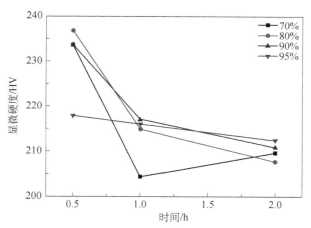

图 5.30　不同变形率钼板材 1000℃ 等温热处理后的显微硬度变化曲线

　　对不同变形率钼板材 1000℃ 等温热处理后的显微硬度变化曲线（图 5.30）进行进一步分析，得到表 5.4 数据。可以看出，随着保温时间的增长，四条显微硬度曲线均为下降趋势，其中稍小变形率（70%）板材保温时间从 0.5 h 延长至 1 h 的硬度值变化量最大，减小了约 29 HV，其余三条曲线的下降斜率随着变形率的增加而减小。这是因为变形率越大，所需提供发生再结晶的能量越少，由于 95%变形率钼板材先于其他钼板材发生再结晶，因而 95%变形率板材保温 0.5 h 的硬度值低，另外，由于原始轧制板材的晶粒尺寸小，随着延长保温时间至 2 h，再结晶晶粒与原始板材的晶粒尺寸差值小，对其硬度影响小，在图 5.30 中呈现出最小的硬度下降斜率。保温时间延长至 2 h，四种变形率钼板材的硬度分别下降了 23.96 HV、28.92 HV、22.78 HV、5.49 HV。与图 5.29 相结合，在钼板材再结晶的形核和晶粒生长的初期，延长热处理保温时间对其硬度有较大的影响。若对钼板材硬度有要求，70%～80%变形率的钼板材在 900～1050℃、90%～95%变形率的钼板材在 850～1000℃ 范围内进行等温热处理时，应注意控制保温时间。

表 5.4　不同变形率钼板材 1000℃ 等温热处理 1～2 h 后的显微硬度

保温时间/h	不同变形率下显微硬度/HV			
	70%	80%	90%	95%
0.5	233.58	236.74	233.59	217.91

保温时间/h	不同变形率下显微硬度/HV			
	70%	80%	90%	95%
1	204.30	214.90	217.01	216.04
2	209.62	207.82	210.81	212.42

5.4　小结

本章主要研究了 70%、80%、90% 和 95% 四种变形率钼板材等温和等时热处理后的显微组织形貌、织构和晶界演变、再结晶体积分数以及不同变形率钼板材的热分析。通过分析不同变形率下钼板材的微观组织演变过程，得出了热处理工艺对变形钼组织的影响规律。通过对不同变形率钼板材的热分析，分析了变形率对再结晶过程的影响，研究了热处理工艺对四种不同变形率钼板材力学性能的影响，其中针对热处理工艺参数中的热处理温度和保温时间分别进行了讨论，为调控变形钼板材组织，制定热处理工艺提供了必要的理论依据。

（1）经轧制变形后，钼板材晶粒沿轧制方向伸长，变形率增加，晶粒横纵比增大。随着热处理温度逐渐增加，板材组织发生回复与再结晶，晶粒从扁长轧制态变为等轴状，95% 大塑性变形率钼板材再结晶后的晶粒尺寸为 12.68 μm，比 90% 变形率钼板材的再结晶晶粒尺寸减小了 43.2%，变形率大的钼板材中优先出现再结晶晶核，同等温度的热处理下再结晶速率更快且组织细小均匀。

（2）变形钼板材热处理后存在的强织构为 Goss 织构，弱织构为铜织构、γ 织构和立方织构。其中，四种变形率钼板材完全再结晶后均有 Goss 织构，随着热处理温度升高，其取向逐渐向 γ 织构偏转，导致强度下降，弱织构铜织构的转化路径是由 {112}〈110〉过渡到 {110}〈110〉，最终转化为 {001}〈100〉。

（3）热处理过程中，随着回复和再结晶的发生，轧制产生的缠结的位错形成高密度亚晶界处和应力集中的高能量区域中晶界取向差大处优先形核，形核和长大消耗其能量。

（4）相比延长保温时间，提高热处理温度可更有效提升钼板材中的再结晶体积分数，95% 大塑性变形率钼板材 1100℃ 热处理后再结晶体积分数达到 97.96%，近乎完全再结晶，进一步提升热处理温度对提高再结晶体积分数的影响大大减弱。用 JMAK 方程来描述在 900℃ 热处理下 95% 大塑性变形率钼板材的 Avirami 指数为 3.6，接近理论三维形核指数 4。

（5）随着热处理温度的升高，钼板材显微硬度值逐渐下降，热处理温度在 950～1150℃ 范围对板材硬度影响最大。

（6）变形钼板材未完全再结晶时，尤其是再结晶形核和晶粒长大初始阶段，延长热处理的保温时间对钼板材的硬度值影响较大。

第 6 章 杂质氧对钼粉末冶金过程的组织与性能影响

6.1 钼粉末冶金制备技术

6.1.1 实验原材料

本节中使用材料是由金堆城钼业股份有限公司提供的钼粉末，其粉末纯度 ≥99.90%，如图 6.1（a）和（b）所示为钼粉末的组织形貌，其颗粒光滑且大小均匀，没有明显的团聚现象，有利于后续粉末冶金过程的球磨、压制和烧结。钼粉末粒径分布为 d（0.5）= 10.12 μm，如图 6.1（e）所示，松装密度为 0.95～1.40 g/cm³。本节采取固−固混料的方式制备出不同杂质氧含量的钼金属，混合粉末中氧化钼（MoO_2 和 MoO_3）粉末的形貌如图 6.1（c）和（d）所示，图 6.1（f）和（g）说明了 MoO_2 粉末粒径分布为 d（0.5）= 10.12 μm，MoO_3 粉末粒径分布为 d（0.5）= 2.55 μm。表 6.1 所示为实验原材料的主要参数。

6.1.2 材料制备工艺

本节首先通过粉末冶金方法制备了烧结态钼金属，具体制备方法如下：通过固−固混料方式，将 MoO_2 和 MoO_3 粉末分别以 1.5 h 的混合时间与钼粉末进行

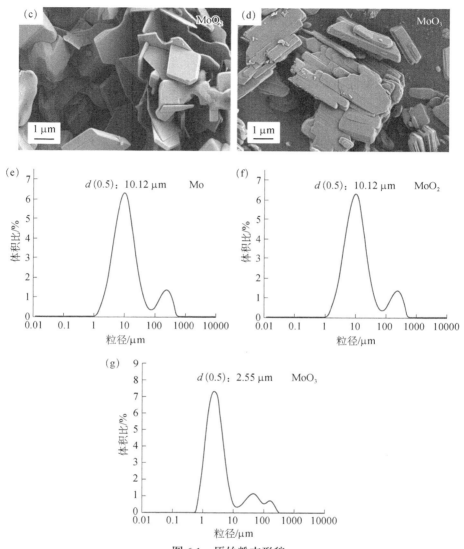

图 6.1　原始粉末形貌

（a）钼粉末；（b）图（a）中白色框钼粉末的放大；（c）MoO₂ 粉末；（d）MoO₃ 粉末；

（e）钼粒径分布；（f）MoO₂ 粒径分布；（g）MoO₃ 粒径分布

表 6.1　实验原材料的主要参数

试样名称	纯度	供应商
Mo	99.90%	金堆城钼业股份有限公司
MoO₂	99.90%	上海阿拉丁
MoO₃	99.90%	上海阿拉丁

混合，其中三维混合机的主轴转速为 22 r/min。混合后粉末继续由行星球磨机研磨 30 min，最终充分完全混合。其中球磨混合的球料比为 1∶1，转速为 200 r/min。在钢模压制过程中，通过使用硬脂酸钠润滑剂来减少粉末颗粒与模具之间的摩擦，并增加粉末颗粒的流动性。然后采用了钢模压制和冷等静压两种方式分别对钼金属坯料进行压制，其中钢模压制压力为 500～600 kN，压制速率为 0.5 mm/s，保压时间为 90 s，制备尺寸为 $\Phi 60$ mm×10 mm 的圆柱形钼金属样品。冷等静压采用 180 MPa 的施加压力和 8 min 的保压时间，制备出 110 mm× 70 mm×15 mm 的方形钼金属样品。在 1800℃ 的真空碳管炉中进行了等温烧结，其中真空度为 10^{-3} Pa。如表 6.2 所示，分别在 800℃、1200℃、1600℃ 和 1800℃ 烧结温度下进行 2 h、1 h、2 h 和 1 h 多步等温烧结工艺，温度逐渐升高至烧结温度，并在连续等温烧结期间保持恒定。这四个温度平台可以连续等温烧结，使温度逐渐升高到烧结温度并保持不变，从而提高烧结钼金属的加热效率。吸附的气体和水挥发，钼金属颗粒之间的接触增加，以及烧结颈形成，减少孔径及其总数量，最终获得致密烧结钼金属样品。

表 6.2   钼金属的烧结工艺参数

温度/℃	升温速率/（℃/min）	保温时间/h
30～800	4.28	2
800～1200	3.33	1
1200～1600	2.22	2
1600～1800	1.67	1

表 6.3 是设计的两组烧结钼金属不同杂质氧含量的化学成分，其中在烧结钼金属中含有 0.5wt%～5.0wt% 和 0.6wt%～2.0wt% 的杂质氧。如图 6.2（a）是不同杂质氧含量粉末冶金法制备的流程图，将 MoO_2、MoO_3 分别与钼粉末进行混合，实验过程利用球磨工艺保证其均匀混合。图 6.2（b）为 1800℃ 真空烧结工艺图，最终得到了不同杂质氧含量的烧结钼金属，其中按照杂质氧含量的多少将制备出的烧结钼金属样品分别编号为 O-1～O-7 和 O-8～O-12。

表 6.3   设计钼金属的配料比   （单位：wt%）

样品编号	O	MoO_2	MoO_3	Mo
O-1	—	—	—	Bal.
O-2	0.50	0.02	—	Bal.
O-3	1.00	0.04	—	Bal.
O-4	5.00	0.20	—	Bal.
O-5	0.50	—	0.015	Bal.

续表

样品编号	O	MoO₂	MoO₃	Mo
O-6	1.00	—	0.03	Bal.
O-7	5.00	—	0.15	Bal.
O-8	—	—	—	Bal.
O-9	0.60	4.92	—	Bal.
O-10	0.80	6.56	—	Bal.
O-11	1.00	8.20	—	Bal.
O-12	2.00	16.4	—	Bal.

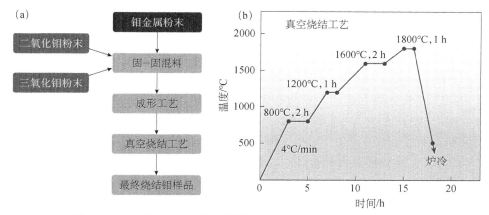

图 6.2　（a）粉末冶金工艺流程图；（b）1800℃下真空烧结工艺图

　　然后通过粉末冶金方法和轧制工艺制备了轧制态钼金属。先采用冷等静压的压制方式和 1800℃ 的烧结工艺（表 6.4）制备了烧结钼金属样品，后进行单向轧制工艺。其中热轧、温轧、冷轧、热处理和碱洗工序制备不同变形率下轧制钼金属板材样品。根据钼金属理论再结晶温度为 1250~1350℃，在 1350℃ 对烧结钼金属进行热轧。为了更好地控制钼金属中的杂质氧含量，本节制备了两组轧制钼金属的样品，一组轧制钼金属的样品分别在变形率为 20%~30% 进行了热轧工艺，在变形率为 10%~20% 进行了温轧工艺，以及在变形率为 10% 以下进行了冷轧工艺，得到厚度约 0.62 mm 的变形钼金属样品。另一组在变形率为 47% 进行了热轧工艺，得到厚度约 8 mm 的变形钼金属样品。

表 6.4　轧制钼金属的烧结工艺参数

温度/℃	升温速率/（℃/min）	保温时间/h
30~800	4.28	2
800~1250	3.33	1
1250~1600	3.89	2
1600~1800	1.67	3.5

本章 6.3 节研究内容所用的轧制钼金属材料，是通过原始材料进行冷等静压和烧结得到，并且对其进行单向轧制工艺。通过热轧工艺制备了变形率为 47% 的变形钼金属样品。表 6.5 是设计的钼金属主要化学成分，其中含有 0~0.5wt% 的杂质氧，三种变形钼样品编号分别为 O-13~O-15。

表 6.5　设计钼金属的配料比　　　　　　　（单位：wt%）

样品编号	O	MoO$_2$	Mo
O-13	0	—	Bal.
O-14	0.4	0.02	Bal.
O-15	0.5	0.04	Bal.

本章所用的轧制钼金属材料，是通过粉末冶金和轧制工艺制备。其中压制的钼金属坯料是经过施加 180 MPa 压力并且保压 8 min 的冷等静压获得。烧结是在 1800℃下中频感应炉中完成的，在 99.99% 的氢气环境中进行烧结，烧结工艺参数如表 6.4 所示，其中烧结分为四个温度梯度。然后通过单向轧制工艺对烧结钼金属进行热轧、温轧和冷轧。钼金属的高熔点（2620℃）和高再结晶温度（约 1200℃）导致钼金属的塑性加工温度区间较窄，设定开坯时的温度比钼金属再结晶温度高 150℃，从而烧结钼金属的热轧开坯温度为 1350℃，开坯总轧制变形率为 47%。随着热轧变形程度增加，再结晶驱动力增大，钼金属板坯的再结晶温度会降低，因而 70% 变形率的轧制温度比 47% 变形率的热轧温度要低。其中每增加 1 个轧制道次，轧制加热温度降低约 100℃。70% 总轧制变形率的钼金属总轧制道次为 2，80% 总轧制变形率和 87% 总轧制变形率的钼金属总轧制道次为 6，厚度为 0.625 mm 的轧制钼金属的总轧制道次为 9。因此，70%、80%、87% 和 95% 总轧制变形率的轧制温度分别为 1260℃、850℃、850℃ 和 400℃。本节设计的轧制温度随变形率的增加逐渐降低，从而避免轧制钼金属发生再结晶行为，保证轧制钼金属的质量和性能。表 6.6 列出了详细的轧制工艺参数。轧制钼样品的总轧制变形率分别为 47%、70%、80%、87% 和 95%，编号分别为 O-16~O-20。

表 6.6　轧制变形钼金属的轧制工艺参数

样品编号	入料厚度/mm	出料厚度/mm	轧制温度/℃	总轧制变形率/%
O-16	12.5	6.6	1350	47
O-17	6.6	3.7	1260	70
O-18	3.7	2.5	850	80
O-19	2.5	1.65	850	87
O-20	1.65	0.625	400	95

6.2　杂质氧在钼粉末冶金过程中的存在形式及分布规律

6.2.1　钼含量检测和相组成分析

　　表 6.7 是钼金属在粉末冶金过程中混合粉末和烧结状态下的杂质氧含量和碳含量检测结果。在粉末混合后的杂质氧含量和碳含量分别为 0.17wt%～5.00wt% 和 0.0036wt%～0.0076wt%。经过压制和真空烧结，钼金属中测得最终杂质氧含量范围为 0.0044wt%～0.3300wt%，杂质碳含量范围为 0.0007wt%～0.3600wt%。通过比较烧结状态 O-1～O-7 样品的杂质氧含量，发现在混合粉末中，MoO_2 和 MoO_3 氧化物粉末的杂质氧含量分别为 0.50wt%、1.00wt% 和 5.00wt%，烧结态钼金属中杂质氧含量范围为 0.0044wt%～0.3300wt%。图 6.3 为在粉末冶金法制备过程中含有不同氧化物粉末的钼金属杂质氧含量和碳含量检测结果，可以看出，烧结态 O-1 样品的杂质氧含量为 0.0044wt%，而烧结态 O-2～O-4 样品的杂质氧含量分别增加到 0.2300wt%、0.3100wt% 和 0.3300wt%。添加不同含量的杂质氧的烧结态 O-5～O-7 样品，其杂质氧含量增加到 0.2900wt%、0.2200wt% 和 0.3300wt%。结果表明，烧结态钼金属中杂质氧含量范围为 0.0044wt%～0.3300wt%，并且使混合粉末杂质氧含量在 0.2900wt%～0.3300wt%。然而杂质氧含量的降低主要归因于真空烧结过程中钼粉末发生脱氧反应和氧化还原反应，而且杂质碳的存在也会影响钼金属在真空烧结过程中的脱氧程度。

表 6.7　粉末冶金过程中烧结 O-1 ~ O-7 样品的杂质氧含量和碳含量　（单位：wt%）

样品编号	固-固混合的氧化钼类型	钼粉末样品		钼烧结样品	
		C	O	C	O
O-1	—	0.0068	0.17	0.0007	0.0044
O-2		0.0076	0.50	0.3300	0.2300
O-3	MoO_2	0.0042	1.00	0.3600	0.3100
O-4		0.0047	5.00	0.0120	0.3300
O-5		0.0036	0.50	0.0100	0.2900
O-6	MoO_3	0.0040	1.00	0.1100	0.2200
O-7		0.0050	5.00	0.0180	0.3300

　　图 6.4（a）和（b）为烧结状态 O-1～O-7 样品的 XRD 图谱。能清楚观察到这七组烧结态样品的钼的特征峰（JCPDS 42-1120），其中设计的烧结 O-1 样品是杂质氧含量为 0.0044 wt% 的钼金属，并且作为烧结 O-2～O-7 样品的对比样品。在所有钼金属中均没有发现 MoO_2 或 MoO_3 的相生成，表明了烧结态钼样品中没有形成氧化物相或其他沉淀物。由此可见，钼金属中杂质氧没有改变其单

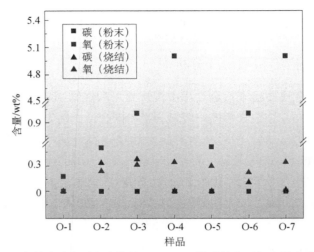

图 6.3　在粉末冶金过程中烧结 O-1～O-7 样品的杂质氧含量和碳含量

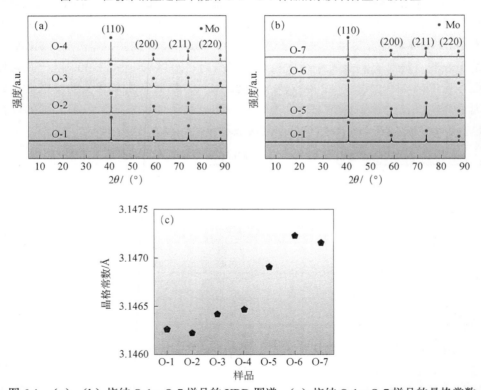

图 6.4　（a）、（b）烧结 O-1～O-7 样品的 XRD 图谱；（c）烧结 O-1～O-7 样品的晶格常数

相体心立方结构。通过 X 射线衍射结合全谱拟合计算了烧结钼金属的晶格常
数。图 6.4（c）为不同杂质氧含量的 O-1～O-7 样品的晶格常数。从 O-1～O-6

样品计算得到的晶格常数可以发现，随杂质氧含量增加，晶格常数增加。O-7 样品的晶格常数为 3.14716 Å，相比 O-6 样品的晶格常数（3.14723 Å）下降约 0.002%。由此钼的晶格常数随杂质氧含量增加而增加。

　　表 6.8 为在混合粉末态和烧结态下 O-8～O-12 样品杂质氧含量检测结果。通过成分分析表明，混合粉末和真空烧结钼样品的氧含量分别为 0.17wt%～2.00wt% 和 0.37wt%～0.86wt%，其中烧结 O-8 样品是未含有 MoO_2 粉末的对照样品。钼金属粉末中的杂质氧含量分别为 0.60wt%、0.80wt%、1.00wt% 和 2.00wt%，烧结态钼金属的最终杂质氧含量范围为 0.37wt%～0.86wt%。图 6.5 为烧结 O-8～O-12 样品在钼金属粉末冶金过程中的杂质氧含量结果。无氧化物粉末的烧结态 O-8 样品的杂质氧含量为 0.37wt%，O-9～O-12 样品的杂质氧含量控制在 0.45wt%～0.86wt%。通过比较图 6.5 中混合粉末杂质氧含量的值（正方形表示）和烧结态钼样品中杂质氧含量的值（三角形表示），同样证明了杂质氧含量的明显降低，这是由于真空烧结过程中脱氧反应能显著降低烧结钼金属的杂质氧含量，这也为烧结钼样品中杂质氧含量的控制提供了新的实验参考。

表 6.8　粉末冶金过程中烧结 O-8～O-12 样品的杂质氧含量　（单位：wt%）

样品编号	固–固混合的氧化钼类型	粉末样品氧含量	烧结样品氧含量
O-8	—	0.17	0.37
O-9		0.60	0.45
O-10	MoO_2	0.80	0.46
O-11		1.00	0.62
O-12		2.00	0.86

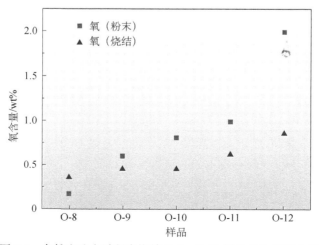

图 6.5　在粉末冶金过程中烧结 O-8～O-12 样品的杂质氧含量

事实上，杂质氧在粉末中的存在形式可能为钼粉末中游离态氧和钼金属混料过程中的氧化物。其中游离态氧包括了吸附在钼粉末表面的杂质氧以及钼粉末深层中的杂质氧，氧化物主要是 MoO_2 粉[265]。图 6.6 显示了烧结态 O-8～O-12 样品的 XRD 测试结果。从图 6.6（a）中分析得到衍射峰来自 bcc 钼相（JCPDS 89-4896），并分别对应于（110）、（200）、（211）和（220）的钼晶面。在烧结态 O-8～O-12 样品中没有发现 MoO_2 的新峰，这是由于钼金属样品中氧化物含量极低。在烧结 O-12 样品中检测到 MoO_2 相，说明了除钼金属相的 X 射线衍射晶面，还存在（111）、（211）、（222）和（213）的晶面衍射。可以发现，当杂质氧含量为 0.82wt%时，如图 6.6 所示，单相钼金属体心立方结构没有改变。在烧结态 O-12 样品中检测到 MoO_2 的峰值，这说明粉末态钼金属中含有 2.0wt%的杂质氧会导致烧结钼金属中出现 MoO_2 相。如图 6.6（b）中杂质氧会导致测量的钼金属 2θ 值增加且峰值发生偏移。从晶格常数和 θ 之间的关系（ $a = \dfrac{\lambda\sqrt{2}}{2}\dfrac{1}{\sin\theta}$ ）可以得到晶格常数已经发生改变。其中晶格常数结果是根据 X 射线测量结合全谱拟合细化计算，如图 6.6（c）所示，不同杂质氧含量的 O-8～

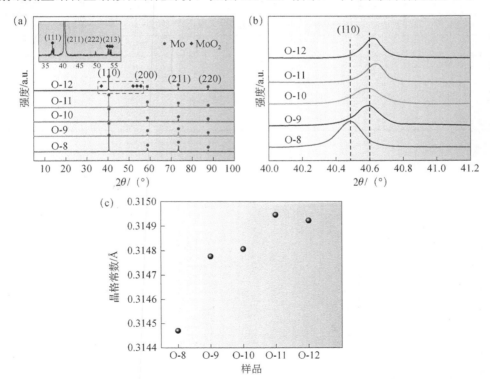

图6.6 烧结态 O-8～O-12 样品总 XRD 图谱（a）、放大倍数（110）峰值（b）和晶格常数（c）

O-12 样品的晶格常数会随杂质氧含量的增加而逐渐增加，而晶格常数变化主要归因于钼金属中杂质氧固溶体的存在。因此，杂质氧主要以固溶体形式存在于钼基体中，并且使烧结钼金属发生晶格常数改变的过程。

6.2.2　氧的成分分布分析

为了深入探究钼金属中杂质氧的存在形式及分布情况，通过 3D 原子探针层析成像（3D-APT）和 SEM 研究了钼金属晶界处的化学成分分布。首先通过 SEM 对烧结态 O-9 样品的晶界区域进行定位，然后采用剥离法制备试样，该技术结合了聚焦离子束切削和场发射环场扫描电子显微镜，最终对制备出含有钼金属晶界的 3D-APT 样品进行了详细的分析。图 6.7（a）和（b）中的 SEM 图像清晰地显示了烧结态 O-9 样品的晶界和放大倍数下的区域，蓝色箭头代表切削加工的位置，蓝色框线代表 APT 数据采集的钼金属具体晶界区域。图 6.7（c）和（d）显示 FIB 切削定位和环形切削后的尖端，其中定位和环形切削的针尖尺寸为 107.9 nm，最终切削后的 APT 针尖尺寸为 101.2 nm，该 APT 针尖包括了钼金属晶界体积。

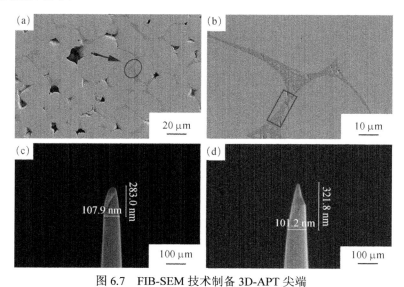

图 6.7　FIB-SEM 技术制备 3D-APT 尖端

（a）选取的晶界区域（蓝色箭头表示）；（b）放大倍数下 FIB 切削晶界区域（蓝色框表示）；
（c）定位和环形切削的针尖；（d）切削后的 APT 针尖

如图 6.8 所示为烧结态 O-9 样品测量尖端的 APT 重建结果。根据图 6.8，原子探针在测量样品观察到化学成分，主要元素为钼和氧元素，其中钼元素和氧元素主要以氧化物的形态存在。这里需要说明的是，本章制备 3D-APT 尖端存在的杂质氧通常能被探测器信号所检测，Ga 元素在 FIB 切削制备过程中产生，因此不存在于钼样品材料中[163]。虽然钼金属可能存在大量不同的溶质类型，但在整个原子探针的针尖中检测到钼和氧元素以及氧化钼，包括钼、MoO_2 和 MoO_3 相。在表 6.9 中给出了如图 6.8 所示的原子探针观察测量整个体积的化学成分。通过表格分析得到 MoO_2 含量最高为 77.789at%，仍位于单相 bcc 的区域，其次 MoO_3 含量为 12.442at%，并且杂质氧含量为 0.7109at%。它们的含量都超过了钼含量（0.0091at%），说明在烧结钼金属晶界处钼、MoO_2 和 MoO_3 发生强烈偏析行为，其中 MoO_2 浓度是 MoO_3 浓度的 6.3 倍左右。

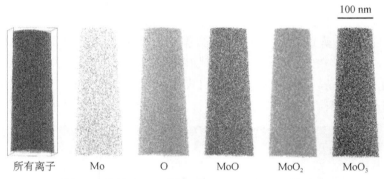

100 nm

所有离子   Mo   O   MoO   MoO₂   MoO₃

图 6.8   烧结态 O-9 样品测量尖端的 APT 重建结果

表 6.9   APT 化学成分及含量分析

离子类型	含量/at%	σ/at%
Mo^{2+}	8.9957	0.0037
Mo^{4+}	77.789	0.014
Mo^{6+}	12.442	0.0045

然而，由于杂质氧在晶界偏析的脆性问题，烧结钼样品中存在晶界的特定尖端，将会在晶界原子从表面电离蒸发之前断裂[266]。因此，通过 APT 技术主要能够获得钼金属中晶界区域的杂质氧含量。通过该重建 APT 实验结果，进一步确认钼金属晶界处存在的氧化物成分及含量，发现了钼金属和氧元素在 APT 探测的尺度上能够均匀分布，如图 6.8 所示，在钼基体的 APT 重建尖端可以看出，该晶界处包含均匀分布的 MoO_2、MoO_3 等其他氧化钼。因此，杂质氧未改变烧结钼金属单相体心立方结构，并且在钼金属中杂质氧会以 MoO_2、MoO_3 等氧化物的形式偏析存在于晶界处。

6.2.3 热力学反应平衡计算

根据杂质氧在钼金属晶界处存在 MoO_2、MoO_3 等氧化物偏析情况，讨论了杂质氧在钼金属中形成氧化物和在晶界处形成氧化物的主要原因。本节采用热力学反应平衡吉布斯自由能计算进行分析。在热力学平衡过程中，反应物与生成物的浓度不发生变化，其化学反应保持平衡状态。在化学反应中，热力学平衡能够预测化学反应的趋势以及反应物和生成物之间的关系，而化学热力学是应用热力学定律对热与功、化学反应和物理状态变化之间的相互作用关系进行研究，它决定了发生化学反应的方向，并给出了发生化学反应的最终结果。通过热力学手册中相应的 $\Delta_r G_m^\theta(T)$ 找出了不同温度条件下的热力学反应，其中标准吉布斯自由能表达式为 $\Delta_r G_m^\theta(T)=A+BT$ 。为了更好地探索钼金属在烧结过程的不同温度条件下可能发生的化学反应，本节计算了钼金属中杂质氧在 $0\sim1800℃$ 温度范围内可能发生的热力学平衡反应，发现钼金属中杂质氧在烧结过程中主要发生碳氧反应和氧氢化学反应，具体可能的反应包括以下内容：

$$MoO_2+2H_2(g)=\!\!=Mo+2H_2O(g) \tag{6-1}$$
$$MoO_2+2C=\!\!=Mo+2CO(g) \tag{6-2}$$
$$MoO_2+C=\!\!=Mo+CO_2(g) \tag{6-3}$$
$$Mo+O_2(g)=\!\!=MoO_2 \tag{6-4}$$
$$2MoO_2+O_2(g)=\!\!=2MoO_3 \tag{6-5}$$
$$MoO_3+3H_2(g)=\!\!=Mo+3H_2O(g) \tag{6-6}$$
$$MoO_3+3C=\!\!=Mo+3CO(g) \tag{6-7}$$
$$MoO_3+1.5C=\!\!=Mo+1.5CO_2(g) \tag{6-8}$$
$$MoO_3+C=\!\!=MoO_2+CO(g) \tag{6-9}$$
$$4MoO_2+1.5O_2(g)=\!\!=Mo_4O_{11} \tag{6-10}$$
$$4MoO_3+H_2(g)=\!\!=Mo_4O_{11}+H_2O(g) \tag{6-11}$$
$$2H_2(g)+O_2(g)=\!\!=2H_2O(g) \tag{6-12}$$
$$C+O_2(g)=\!\!=CO_2(g) \tag{6-13}$$
$$2C+O_2=\!\!=2CO(g) \tag{6-14}$$

如图 6.9 所示为烧结钼金属中杂质氧在 $0\sim1800℃$ 可能发生的热力学平衡反应计算结果。计算得到反应（6-1）混合粉末 MoO_2 在 $1084℃$ 以上时会与真空环境中存在的 H_2 发生反应，持续生成 H_2O 和钼粉末，直到温度为 $1800℃$ 时，生成物仍存在 H_2O 和钼粉末。根据反应（6-2）和（6-3）计算结果发现，当ΔG 为负值时，意味着化学反应正在发生，并且ΔG 越小，说明化学反应向右进行

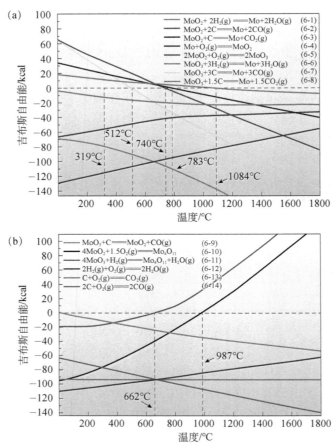

图 6.9   钼金属烧结过程中可能发生的热力学平衡反应计算结果

（a）反应（6-1）～（6-8）热力学平衡反应计算结果；（b）反应（6-9）～（6-14）热力学平衡反应计算结果。

1 kcal=4186.8 J

的概率越高，得到反应（6-2）中 MoO_2 与杂质碳元素反应生成 CO 气体的反应的概率大于反应（6-3）中 MoO_2 与杂质碳元素反应生成 CO_2 气体的反应，也就是说，随温度的逐渐上升，相比反应生成 CO_2 气体，更易反应生成 CO 气体。因此，在钼粉末中 MoO_2 粉末在 740℃ 时开始与钼粉末中杂质碳元素反应生成 CO 气体，在 783℃ 时开始与杂质碳元素反应生成 CO_2 气体，如图 6.9（a）所示，反应产生的 CO 和 CO_2 气体最终从真空系统排出。在钼金属中 MoO_2 在 1084℃ 以上真空环境中与 H_2 反应，整个系统中产生大量 H_2O，同时其中 MoO_2 含量会迅速下降。当 ΔG 值继续下降时，反应（6-1）继续进行。室温至 1800℃ 整个烧结过程，如反应（6-4）和（6-5）所示，钼元素和环境中的杂质氧元素持续发生化学反应，生成 MoO_2 和 MoO_3。反应产物 MoO_3 不仅与环境气氛中的 H_2 反应以形成气态 H_2O（反应（6-6）），而且在温度为 512℃ 时与钼基质中存在的杂质碳元素发生反应并生成 CO_2、CO 气体和钼粉末（反应（6-7）和（6-8）），并且所得 MoO_3 也会在室温至 1800℃ 时持续被杂质碳元素还原再次形成 MoO_2（反应（6-9））。

　　由于环境中存在 O_2 气体，如图 6.9（b）所示，该反应过程会与钼金属基体反应生成 MoO_2 和 MoO_3。当实验中的杂质氧含量增加到 2.0wt% 时，除反应（6-1）、（6-2）、（6-3）和（6-5）之外，MoO_2 粉末以及反应生成的 MoO_2 也会分别发生进一步的反应，形成中间氧化物 Mo_4O_{11} 并在温度为 987℃ 时反应（6-10）停止。反应（6-11）说明在温度为 662℃ 以下时，H_2 气体还原 MoO_3 并且该反应生成了中间氧化物 Mo_4O_{11}，温度超过 662℃ 后反应（6-11）结束。由于图 6.9（b）中反应（6-10）的 ΔG 值低于反应（6-11）的 ΔG 值，因此在温度达到 662℃ 之前就会发生反应（6-10）。当温度超过 662℃ 时，过量的 MoO_2 和反应生成的 MoO_2 将继续与 O_2 反应生成 Mo_4O_{11}。另外，从烧结过程中杂质氧、碳和氢元素之间的计算结果发现，室温至 1800℃ 的整个烧结过程会将反应产生的大量气体排出，如反应（6-12）～（6-14）所示，因而该热力学反应会发生得更加充分和彻底。

　　综上所述，当在钼金属烧结过程中含有大于 2.0wt% 的杂质氧时，可能会产生 MoO_2 相、MoO_3 相以及中间氧化物 Mo_4O_{11} 相，其中最稳定存在的是 MoO_2 相和 MoO_3 相，且当杂质氧含量超过 2.0wt% 时，更易生成中间氧化物 Mo_4O_{11} 相。因此，烧结过程中杂质氧含量增加是导致出现 Mo_4O_{11} 相的主要原因。

6.2.4　X 射线光电子能谱分析

　　为了更好地验证本章热力学计算的结果，利用 XPS 技术分析了钼金属晶界处的元素种类、元素的化学状态以及元素半定量等信息，从而定性地验证钼金属中不同杂质氧形成的氧化物类型。如图 6.10（a）～（d）所示分别为钼金属中杂质氧含量为 3700 ppm（O-8 样品）的 XPS 全谱图、C 1s 谱图、O 1s 谱图和 Mo 3d 谱图。如图 6.10（a）的全谱分析结果所示，出现了明显的 C 1s 和 O 1s 峰，表明了钼金属晶界表面含有 Mo、C 和 O 元素，其中 Mo 3p 的结合能峰值为 411.56 eV[267]，Mo 3d 的结合能峰值为 228 eV[267]，Mo 4s 的结合能峰值为 62.08 eV。图 6.10（b）中的 C 1s 谱图分峰拟合结果表明杂质碳在钼金属中主要以饱和碳（C—C）形式存在，其结合能峰值为 284.80 eV[267]。从图 6.10（c）中的 O 1s 谱图可以发现杂质氧元素的结合能峰值为 530.95 eV[267]。进一步对 Mo 3d 的谱峰进行分峰拟合处理，结果发现钼金属中杂质氧含量为 3700 ppm 的 O-8

样品主要存在三种化学价态：0，+4，+6。如图 6.10（d）所示，钼金属化学价态为 0 的结合能峰值为 228 eV[267]（深蓝色区域）。钼金属化学价态为+4 的 MoO_2 相的结合能峰值为 232.6 eV[268]（浅蓝色区域），钼金属化学价态为+6 的 MoO_3 相的结合能峰值为 235.73 eV[268]（橙色区域）。因此，能够得到杂质氧含量为 3700 ppm 的 O-8 样品最终以 MoO_2、MoO_3 形式存在。

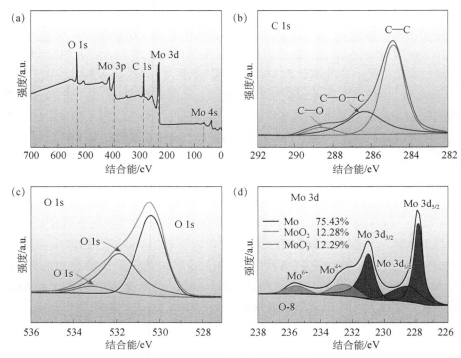

图 6.10　O-8 样品的 XPS 谱图
（a）全谱图；（b）C 1s；（c）O 1s；（d）Mo 3d

　　然后根据元素灵敏度因子法，采用 XPS 定量分析所测的元素信号强度，其中利用特定元素谱线强度作为参考标准，将元素谱峰面积转变为相应元素的含量，从而计算钼金属晶界处不同元素的化学成分和相对含量。这里需要注意的是，该能量峰值面积与相应元素含量成正比。图 6.10（d）中显示了 Mo、MoO_2 和 MoO_3 光谱成分面积百分比的计算结果，Mo 3d 拟合峰面积百分比为 75.43%，Mo^{4+} 态拟合峰面积百分比为 12.28%，Mo^{6+} 态拟合峰面积百分比为 12.29%，且 Mo^{4+} 态拟合峰面积约等于 Mo^{6+} 态拟合峰面积。结合上文热力学平衡反应公式（6-4）、（6-5）和（6-9），证明含有 3700 ppm 杂质氧的钼金属在 0～1800℃烧结过程中，会持续发生钼与 O_2 的氧化反应、MoO_2 与 O_2 的氧化反应、MoO_3 与碳

的还原反应，最终反应生成的 MoO_2 相和 MoO_3 相的含量基本保持一致。图 6.11
为 O-9～O-12 样品 XPS 全谱图。全谱分析结果表明钼金属中全谱均含有 C 1s 和
O 1s 峰，同样说明钼金属晶界表面含有 Mo、C 和 O 元素。对烧结 O-9～O-12
样品中的 Mo 3d 谱峰继续进行分峰拟合处理，最终得到了钼金属主要存在三种
化学价态：0，+4，+6，说明了钼金属的晶界处有 MoO_2 相、MoO_3 相以及 Mo
相存在。

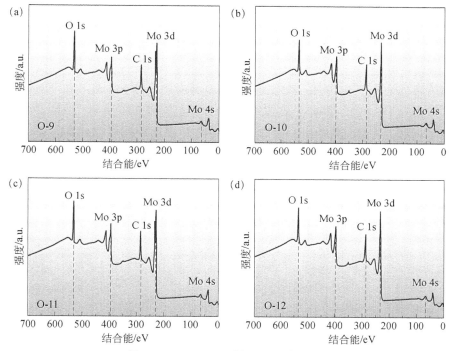

图 6.11　O-9～O-12 样品 XPS 全谱图

（a）O-9 样品；（b）O-10 样品；（c）O-11 样品；（d）O-12 样品

图 6.12（a）～（d）是 O-9～O-12 样品的 Mo 3d 谱图分析结果，通过分析
得到钼金属晶界处 MoO_2 和 MoO_3 的结合能峰值分别为 232.6 eV[267]（浅蓝色区
域）和 235.73 eV[268]（橙色区域）。如图 6.12（a）所示，Mo 3d 的拟合峰面积百
分比为 67.09%，Mo^{4+} 态拟合峰面积百分比为 13.23%，Mo^{6+} 态拟合峰面积百分
比为 19.68%，由于该能量峰值的面积与相应元素的含量成正比，此时 MoO_3 的
含量开始大于 MoO_2。随着 O-9 样品的杂质氧含量增加到 4500 ppm，MoO_3 的含
量会逐渐增加，这是由于在热力学平衡过程中主要发生了式（6-5）的氧化反应
（$2MoO_2+O_2$（g）$\Longequal 2MoO_3$），因此拟合峰面积在逐渐增加。当杂质氧含量增

加到 4600 ppm 时，如图 6.12（b）所示，Mo^{6+} 态拟合峰面积百分比增加到 20.70%，说明更多 MoO_2 持续进行氧化反应生成 MoO_3 相，此时生成的 MoO_2 的拟合峰面积百分比为 10.33%。随杂质氧含量不断增加，O-11 样品中 Mo 3d 拟合峰面积百分比为 75.81%，Mo^{4+} 态拟合峰面积百分比为 11.60%，Mo^{6+} 态拟合峰面积百分比为 12.59%（图 6.12（c））。此时杂质氧含量为 6200 ppm，说明生成的大量 MoO_3 相会在室温至 1800℃ 时持续被杂质碳元素还原而再次形成 MoO_2（反应（6-9）），这与它们吉布斯自由能 ΔG 的值有关，当烧结温度逐渐升高时，反应（6-9）的 $|\Delta G|$ 值大于反应（6-5）的 $|\Delta G|$ 值，最终使得两者拟合峰面积的比值约为 1 : 1。对于烧结 O-12 样品的实验结果（图 6.12（d）），能够计算得到 Mo 3d 拟合峰面积百分比为 22.77%，Mo^{4+} 态拟合峰面积百分比为 30.54%，Mo^{6+} 态拟合峰面积百分比为 30.57%，同时出现中间氧化物 Mo_4O_{11} 相，其拟合峰面积百分比为 16.12%，表明了 Mo^{4+} 态和 Mo^{6+} 态拟合峰面积最大，其次是 Mo $3d_{5/2}$ 拟合峰面积，且 Mo^{4+} 态和 Mo^{6+} 态的拟合峰面积比中间氧化物 Mo_4O_{11} 相的拟合峰面积大。相比于 O-9 和 O-10 样品，在杂质氧含量为 8600 ppm 的 O-12 样

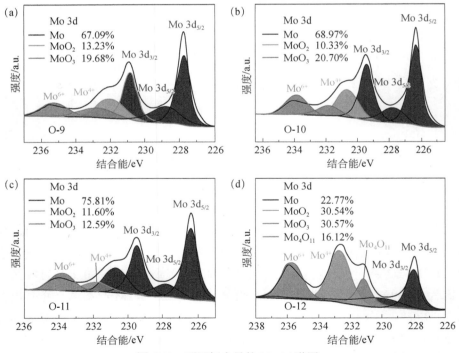

图 6.12   不同氧含量的 Mo 3d 谱图

（a）O-9 样品；（b）O-10 样品；（c）O-11 样品；（d）O-12 样品

品中发现 Mo_4O_{11} 相存在，且结合能峰值为 231.20 eV[269]（绿色区域），这里充分证实了上文热力学平衡计算的结果，说明了钼金属烧结后期主要发生 MoO_2 的氧化和 MoO_3 的氢还原反应（$4MoO_2+1.5O_2$（g）=== Mo_4O_{11} 和 $4MoO_3+H_2$（g）=== $Mo_4O_{11}+H_2O$（g））。因此，该实验采用 XPS 技术对 0～1800℃ 烧结后钼金属晶界处的元素种类进行分析，不仅充分说明不同杂质氧含量下钼烧结样品的晶界中含有 MoO_2、MoO_3 和 Mo_4O_{11} 相，而且验证了上文热力学平衡计算结果。这里说明随杂质氧含量的增加，钼金属生成的氧化钼主要包括 MoO_2 和 MoO_3 相（图 6.12（c））。在烧结反应过程中 MoO_2 和 MoO_3 相增多，即杂质氧含量大于 8600 ppm 时，会生成中间氧化物 Mo_4O_{11} 相（图 6.12（d））。综上，烧结钼金属主要以间隙杂质氧原子形式存在，同时存在部分氧化物 MoO_2 相、MoO_3 相以及中间氧化物 Mo_4O_{11} 相。

6.3　杂质氧对粉末冶金钼的微观组织影响

6.3.1　不同杂质氧含量的钼金属组织结构分析

1. 氧含量在 44～300 ppm 范围的钼金属显微组织分析

为了分析不同杂质氧含量对钼金属组织结构的影响，本节对杂质氧含量为 44～3300 ppm 的钼金属微观断口形貌进行观察。图 6.13 给出了 O-1、O-2、O-4～O-7 烧结钼样品的微观组织形貌结果。具体钼样品的编号和杂质氧含量显示在右下角，其中红色标记是钼金属的孔隙处，绿色虚线框表示钼金属断裂模式的变化。从图 6.13（a）的红色标记可以看出，当真空烧结后 O-1 样品的氧含量为 44 ppm 时，烧结钼表面有很多孔隙出现。如图 6.13（b）绿色虚线框所示，钼金属的断裂模式为晶间断裂。随着杂质氧含量增加到 2300 ppm，观察发现了钼金属的断裂模式从晶间断裂转变为部分穿晶断裂。当钼金属中杂质氧含量增加到 3300 ppm 时，穿晶断裂区域面积变大，如图 6.13（c）所示。随着杂质氧含量不断增加，钼金属断裂模式从晶间断裂转变为晶间和穿晶混合断裂（图 6.13（b）和（c）），说明了杂质氧含量会影响烧结钼金属的断裂模式。因此，本实验中的 MoO_2 和 MoO_3 粉末能控制钼金属的杂质氧含量，进而影响钼金属的微观结构和断裂模式。类似地，可以在图 6.13（d）～（f）中观察到这一现象。当杂质氧含量从 2900 ppm 增加到 3300 ppm 时，钼金属断口处的晶间和穿晶混合断裂模式的区域面积不断增加。综上，烧结钼金属中 O-1、O-2、O-4～O-7 样品的断裂模式的转变说明了不同杂质氧含量改变了其微观组织结构和断裂模式。

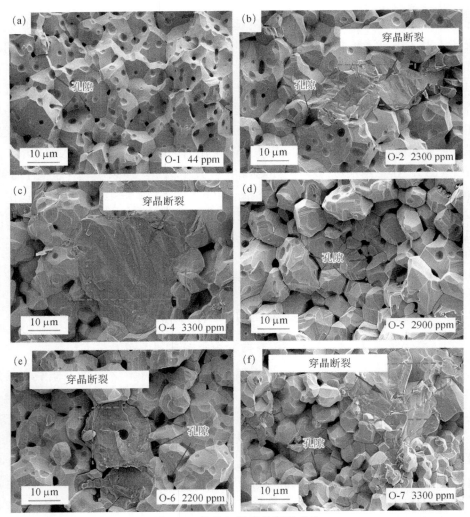

图 6.13　烧结钼样品的断裂形貌

（a）O-1 样品；（b）O-2 样品；（c）O-4 样品；（d）O-5 样品；（e）O-6 样品；（f）O-7 样品

为了进一步阐明粉末冶金制备过程中不同杂质氧含量钼金属的组织演变规律，通过 SEM 和能量色散光谱仪（energy dispersive spectrometer，EDS）对烧结钼样品（烧结 O-2 和 O-3 样品）混合粉末和断口形貌进行检测。如图 6.14 所示，利用 EDS 和背散射电子（back scattered electron，BSE）技术对烧结 O-2 和 O-3 样品中钼元素和氧元素变化情况进行探究。在 BSE 图像中可以清楚地观察到钼金属基体和氧化物粉末的分布，其中分析了 MoO_2 和钼的混合粉末的扫描图像和 EDS 结果（图 6.14（a））。根据 SEM-EDS 分析发现，深色颗粒为 MoO_2

粉末，浅色颗粒为钼粉末。可以看出，两种粉末混合后能谱 1 的氧含量为68.24 at%，钼含量为 31.76 at%，能谱 2 的钼含量为 100 at%，表明了钼粉末实际上没有被氧化，杂质氧主要存在于 MoO_2 粉末中。如图 6.14（b）所示，从检测的经过真空烧结工艺制备的 O-2 样品的断口形貌发现，能谱 3 和能谱 4 中的杂质氧含量分别增加到 7.38 at% 和 6.85 at%，钼的含量分别为 92.62 at% 和 93.15 at%。如图 6.14（c）～（f）所示为烧结 O-2 和 O-3 样品的 SEM 图像和 EDS 线扫描分析结果。通过图 6.14（c）的 SEM-EDS 观察发现，烧结后钼金属孔隙中杂质氧的含量会急剧增加至 81.77 at%，钼元素的含量降低到 18.23 at%，且孔隙中氧原子与钼原子的比率约为 4，说明了烧结过程中氧元素更容易迁移扩散至钼金属的孔隙处。如图 6.14（d）和（f）所示分别是烧结 O-2 和 O-3 样品孔隙位置的线扫描结果。线扫描结果表明，在孔隙处同时存在明显的钼峰和氧峰，并且通过SEM 观察的烧结形貌发现，它们在烧结 O-2 和 O-3 样品孔隙中分布较多，如红色圆圈所示（图 6.14（c）和（e）），这里说明了钼金属中杂质氧的存在形式主要从氧化钼粉末转变为钼金属孔隙聚集。

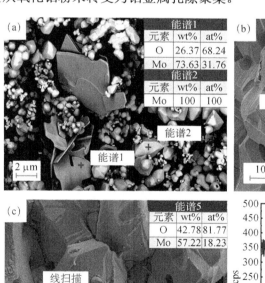
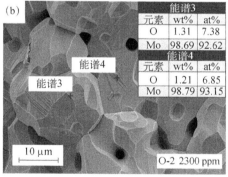
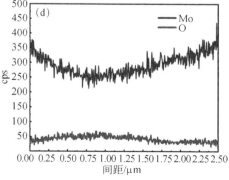

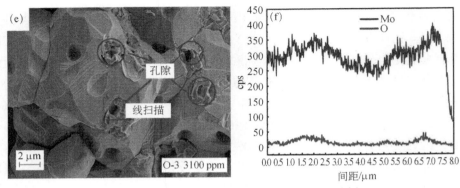

图 6.14 烧结 O-2 和 O-3 样品的 SEM-EDS 分析
（a）MoO₂ 和钼的混合物粉末形貌；（b）、（c）、（e）断口形貌；（d）、（f）线扫描分析。
cps 表示每秒计数

如图 6.15 是烧结 O-5 和 O-7 样品的 SEM-EDS 分析。探究了烧结 O-5 样品在粉末冶金制备过程中的组织演变规律，如图 6.15（a）所示为 MoO_3 粉与钼混合粉末的 BSE 图像。根据能谱 1 的分析得到氧含量为 72.28at% 和钼含量为 27.72at%，因而氧含量与钼含量的比率约为 3∶1，在能谱 2 中钼含量为 100at%，说明了混合粉末中深色颗粒是 MoO_3 粉末，浅色颗粒是钼粉末。同样地，杂质氧主要来自 MoO_3 粉末。根据 EDS 结果分析了烧结 O-5 样品的断裂表面情况，如图 6.15（b）和（c）所示，烧结 O-5 样品的氧原子数显著增加到 94.41at% 和 62.31at%，钼元素减少到 5.59at% 和 37.69at%。由于 MoO_3 粉末在真空烧结中会发生还原反应，杂质氧会从氧化物转移到烧结钼的孔隙聚集。从能谱 5 可以得到烧结 O-7 样品杂质氧含量增加，并且杂质氧更多地分布在钼金属的断裂表面，表明杂质氧可以改变其断裂模式和晶界强度。上述结果表明，钼金属中的杂质氧主要还是以固溶体的形式存在。随着杂质氧含量不断增加，杂质氧会存在于钼金属孔隙中。随着钼金属中杂质氧含量的增加，MoO_2 和 MoO_3 在真空烧结过程中发生还原反应，最终在真空烧结过程中杂质氧含量降低。烧结工艺结束后剩余的氧元素倾向于分布在最稳定的孔隙处，最终以固溶体形式出现在烧结钼金属晶粒表面，削弱烧结钼金属的晶界强度。

为了深入分析钼金属微观组织结构中的元素分布情况，从而得到钼金属的晶粒内部和晶界处的元素组成情况，采用 EPMA 技术对钼金属表面区域的杂质氧、杂质碳元素和钼元素的分布情况进行测定。图 6.16、图 6.17、图 6.18 和图 6.19 分别是烧结 O-1、O-2、O-4 和 O-7 样品的二次电子像（SEI）和该区域中钼元素、杂质氧元素和杂质碳元素的 EPMA 分布图，其中元素的含量以不同

图 6.15　烧结 O-5 和 O-7 样品的 SEM-EDS 分析

（a）MoO_3 和钼混合粉末形貌；（b）～（d）断裂形貌

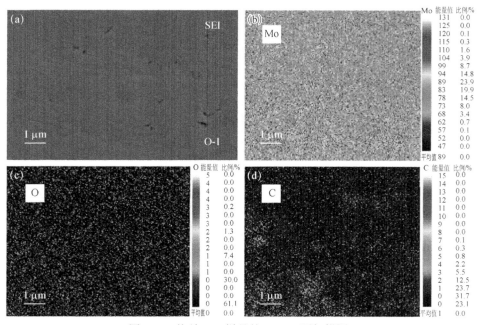

图 6.16　烧结 O-1 样品的 EPMA 面扫描图

（a）SEI；（b）钼元素；（c）氧元素；（d）碳元素

的颜色突出显示，随蓝色到红色的颜色变化反映不同元素的含量逐渐增加。如图 6.16 所示，通过 EPMA 面扫描对烧结 O-1 样品的 SEI 进行分析，发现烧结 O-1 样品的表面没有明显的颜色变化，图 6.16（c）和（d）表明了烧结 O-1 样品的杂质氧和杂质碳元素在钼金属表面几乎均匀分布。如图 6.17（a）所示为烧结 O-2 样品的 SEI，图 6.17（b）～（d）为钼元素、杂质氧元素和杂质碳元素的分布。如图 6.17（c）所示，杂质氧开始在钼金属表面的孔隙处聚集。相同地，烧结 O-2 样品中的杂质碳元素也存在于钼金属表面的孔隙处，如图 6.17（d）所示的红色虚线圆圈标记。

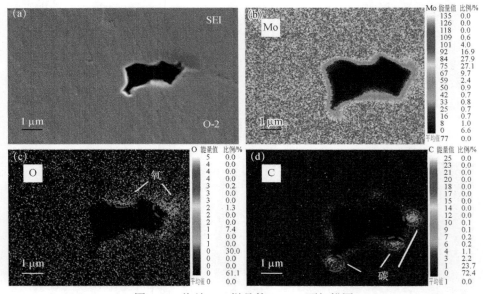

图 6.17　烧结 O-2 样品的 EPMA 面扫描图
（a）SEI；（b）钼元素；（c）氧元素；（d）碳元素

　　如图 6.18（a）所示为烧结 O-4 样品的 SEI，图 6.18（b）～（d）分别为烧结 O-4 样品钼元素、杂质氧和杂质碳元素的 EPMA 面扫描结果，明显发现杂质氧出现颜色的变化，大部分的杂质氧聚集于钼金属表面孔隙处。而杂质碳元素基本分布均匀，该实验结果与表 6.8 的碳元素的分析保持一致。如图 6.19（a）～（d）所示为烧结 O-7 样品的 SEI 和 EPMA 面扫描分析结果，清楚地看到杂质氧和杂质碳元素的偏析和分布现象有很强的相似性，它们都在钼金属孔隙附近出现颜色变化，说明了这两种元素都容易富集在钼金属表面的孔隙处。综上所述，钼金属中杂质氧主要以固溶体形式存在。随着烧结钼金属中杂质氧含

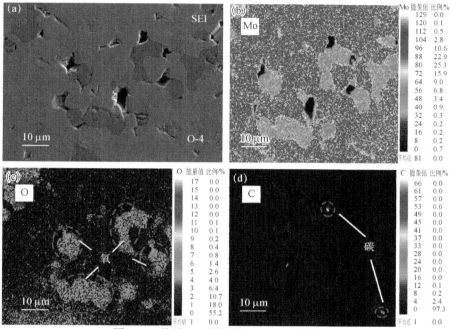

图 6.18　烧结 O-4 样品的 EPMA 面扫描图

（a）SEI；（b）钼元素；（c）氧元素；（d）碳元素

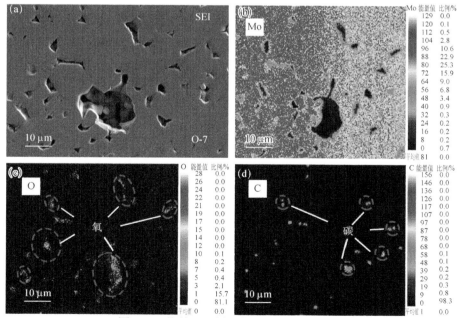

图 6.19　烧结 O-7 样品的 EPMA 面扫描图

（a）SEI；（b）钼元素；（c）氧元素；（d）碳元素

量增加，杂质氧主要存在于孔隙表面。根据 EPMA，当杂质氧含量为 44 ppm 时，杂质氧和碳元素在钼表面均匀分布。钼金属真空烧结过程中，MoO_2 和 MoO_3 粉末发生还原反应，而杂质氧含量逐渐降低，剩余杂质氧倾向于在钼表面孔隙进行富集，最终以固溶体形式出现在钼晶粒表面，从而降低其晶界强度，导致其晶界脆化的发生。

2. 氧含量在 3700～8600 ppm 的钼金属显微组织分析

针对杂质氧含量在 3700～8600 ppm 的烧结钼金属，观察分析了其微观断口形貌。图 6.20（a）～（f）给出了 1800℃ 下烧结 O-8、O-9、O-11、O-12 样品的断裂表面形貌结果，其中右下角标记为烧结钼样品及其杂质氧含量，并且用蓝色圆圈标记由体积扩散形成的烧结孔隙。图 6.20（d）和（f）中断裂表面的部分放大视图如橘红色框所示。如图 6.20（a）所示，烧结 O-8 样品中出现的小孔隙是由气体或杂质的挥发和还原以及烧结过程中大量气体的释放所造成的，其中孔隙收缩是由于发生体积扩散，从而引起烧结 O-8 样品的迁移机制，且断裂模式主要为沿晶断裂。如图 6.20（b）所示，当杂质氧含量为 4500 ppm 时，烧结 O-9 样品的断裂表面出现了更多孔隙，其晶粒开始生长，晶粒尺寸变大，且断裂模式主要为沿晶断裂。对于杂质氧含量为 6200 ppm 的烧结 O-11 样品，如图 6.20（d）所示，在橘红色放大视图框中发现了烧结 O-11 样品晶界处存在宽度约 5 μm 的沉淀物。根据上文热力学反应平衡计算以及 X 射线光电子能谱的分析，烧结 O-11 样品晶界处沉淀物可能为 MoO_2 相、MoO_3 相或 Mo_4O_{11} 相。同样，在杂质氧含量为 8600 ppm 的烧结 O-12 样品晶界处发现了沉淀物，如图 6.20（e）和（f）所示。这里说明了当杂质氧含量不同时，断裂模式并没有发生变化。由于杂质氧的存在，烧结钼金属晶界的断裂方式主要为晶间断裂。不同杂质氧含量的烧结钼样品断裂模式中的晶界分布有沉淀相，这将影响烧结钼样品的微观结构。因此，杂质氧含量的增加会改变烧结钼样品的孔隙率和晶粒尺寸，但不会改变其断裂模式，其断裂模式以晶间断裂为主。此外，生成的沉淀相会影响烧结钼样品晶界处的微观组织结构。

进一步探究粉末冶金制备过程中不同杂质氧含量对钼金属的组织演变规律的影响，如图 6.21 所示为烧结 O-8 和 O-9 样品的 SEM-EDS 分析。根据 SEM-EDS 分析，得到烧结 O-8 样品能谱 1 中钼含量为 100 at%，未发现明显的杂质氧（图 6.21（a））。如图 6.21（b）中利用能谱 2 检测发现，烧结 O-9 样品的晶粒表面主要存在钼元素，而能谱 3 的结果表明烧结 O-9 样品在断裂表面的晶界处富含钼和氧元素，其原子比为 34.64：65.36，约等于 1：2。因此，该晶界处的沉

图 6.20　烧结钼样品的断口形貌

(a) O-8 样品；(b) O-9 样品；(c)、(d) O-11 样品；(e)、(f) O-12 样品

淀物可以初步鉴定为 MoO_2 相，与上文 XPS 技术的检测结果保持一致。该结果的理论验证和形成机制将在 6.3.2 节中解释。如图 6.21 (c) ～ (f) 所示为烧结 O-9 样品中断口形貌的 EDS 面扫描结果。烧结后的 O-9 样品中杂质氧能够均匀分布在晶界和晶粒内。其中绿色区域表明钼元素的均匀分布情况，亮红色区域表明杂质氧倾向于在晶界处富集。而且根据图 6.21 (c) 和 (d) 可以清楚地看到沉淀物在钼金属中晶界处呈现出不规则的网状分布。根据 EDS 面扫描图中元素的含量分析，得到烧结 O-9 样品的杂质氧含量会增加至 40.08at%，钼元素的

含量降低到 59.92at%，因而钼与氧的原子比为 59.92：40.08（图 6.21（f））。总之，随杂质氧含量不断增加，杂质氧倾向于在钼金属晶界处偏析，氧化钼出现在钼金属断裂表面部分晶界区域，氧化物类似于网状结构分布在钼金属的晶界区域。

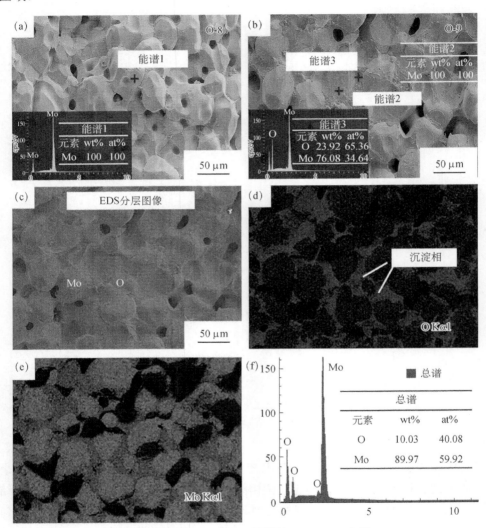

图 6.21   烧结 O-8 和 O-9 样品的 SEM-EDS 分析

（a）O-8 样品；（b）O-9 样品；（c）～（f）O-9 样品面扫描结果

本节探究分析了烧结 O-10～O-12 样品的 SEI 和 EDS 能谱结果。通过烧结 O-10 样品的断口表面 SEM-EDS 分析，如图 6.22（a）和（b）所示，能谱 4 中钼的含量为 100at%，能谱 5 的杂质氧含量为 41.03at%，钼含量为 58.97at%，表明了烧结 O-10 样品晶粒内部主要成分为钼元素，而在钼金属晶界处存在杂质氧。随着杂质氧含量的增加，钼基体晶界处的杂质氧含量也逐渐增加，如图 6.22（c）和（d）所示，根据能谱 6 和能谱 7 的 EDS 结果发现，在烧结 O-11 样品的晶粒内部也出现了杂质氧，含量为 36.70at%，其晶界处出现大量杂质氧，含量为 61.90at%，晶界处钼和氧的原子比为 38.10∶61.90，比率约为 1∶1.62，结合上文的计算分析结果，证明烧结 O-11 样品晶界处存在的沉淀物主要为 MoO$_2$ 相。如图 6.22（e）和（f）所示，烧结 O-12 样品晶界处杂质氧含量显著

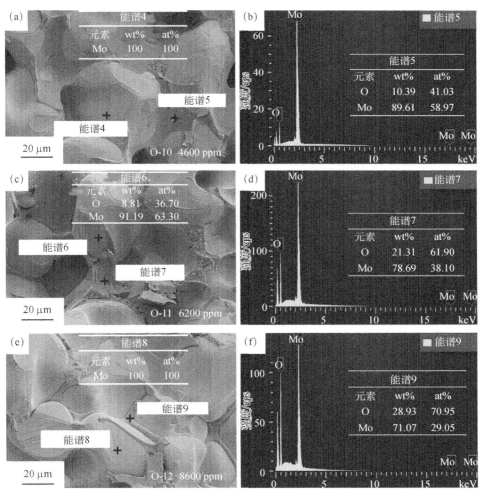

图 6.22　烧结 O-10～O-12 样品的 SEM-EDS 分析

（a）、（b）O-10 样品；（c）、（d）O-11 样品；（e）、（f）O-12 样品

增加，能谱 9 中杂质氧的含量为 70.95 at%，钼元素的含量为 29.05 at%，晶界处钼元素和杂质氧的原子比为 29.05：70.95，比率约为 1：2.44，同样显示了烧结 O-12 样品的晶界处主要存在 MoO_2 相，间接表明杂质氧元素改变其断裂模式和晶界强度。通过对钼金属晶界处的 EDS 分析，可以发现烧结 O-10～O-12 样品晶界区域上杂质氧含量从 41.03 at% 逐渐增加到 70.95 at%。杂质氧含量大于 4500 ppm 的烧结 O-9～O-12 样品中的杂质氧主要以氧化物的形式存在。结合图 6.20（c）～（f）的断口形貌，能够发现烧结钼金属断裂表面的晶界区域聚集了杂质氧，且杂质氧形成的沉淀物在钼金属断裂表面呈网状分布。事实上，随着烧结钼中杂质氧含量的增加，MoO_2 粉末在真空烧结过程中同样发生还原反应，虽然在烧结过程中杂质氧含量持续降低，但烧结后剩余的杂质氧和生成新的氧化物都倾向于分布在钼金属的晶界处，降低了其晶界强度。

为了进一步探讨烧结 O-10～O-12 样品中不同杂质氧和碳元素的分布和含量，从而获得钼金属晶粒内部和晶界处元素的定性和定量分析，采用 EPMA 技术对烧结 O-10～O-12 样品的表面进行元素的 EPMA 面扫描分析和含量检测。图 6.23、图 6.24 和图 6.25 分别为烧结 O-8、O-9 和 O-10 样品的 SEI 以及相应钼、氧和碳元素的 EPMA 分布图，其中颜色深浅表示该元素的含量多少，白色虚线框表示烧结钼金属晶界区域。如图 6.23 所示，通过对烧结 O-8 样品 SEI 进行面扫描，发现烧结 O-8 样品的表面无颜色变化，说明当杂质氧含量为 3700 ppm 时，烧结 O-8 样品表面的杂质氧和杂质碳几乎均匀分布。当杂质氧含量增加到 4500 ppm 时，如图 6.24（a）所示，烧结 O-9 样品中杂质氧开始在晶界处积累（白色虚线框所示）。如图 6.24（c）所示，发现了杂质氧在钼金属表面的晶界处聚集的颜色变化，但杂质碳没有明显的聚集现象，这与图 6.20（b）的 SEM 分析一致，杂质氧开始在钼金属的晶界处聚集。如图 6.25（a）所示为烧结 O-10 样品的 SEI。如图 6.25（b）～（d）所示，发现了杂质氧和杂质碳的明显颜色变化，具体由图中白色虚线框和红色虚线框所示，说明了随着杂质氧含量的不断增加，烧结钼金属的晶界处颜色变化显著。结合图 6.22（a）和（b）的 SEM-EDS 分析，杂质氧与钼元素在钼金属晶界处的原子比为 41.03：58.97，其比率约为 1：1.4，说明了钼金属表面的晶界处存在的杂质氧主要以氧化物的形式稳定存在，再根据上文 XPS 技术的检测结果，当杂质氧含量增加到 4600 ppm 时，在钼金属晶界处存在氧化物的聚集。杂质碳由于含量相对较小，因而主要分布在钼金属的孔隙处。

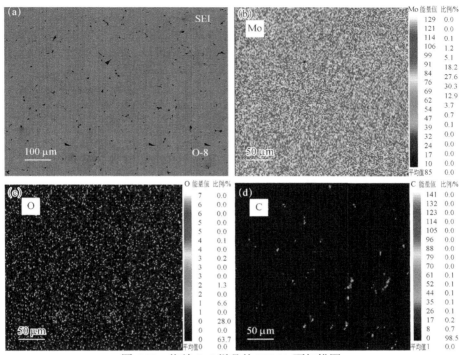

图 6.23　烧结 O-8 样品的 EPMA 面扫描图

（a）SEI；（b）钼元素；（c）氧元素；（d）碳元素

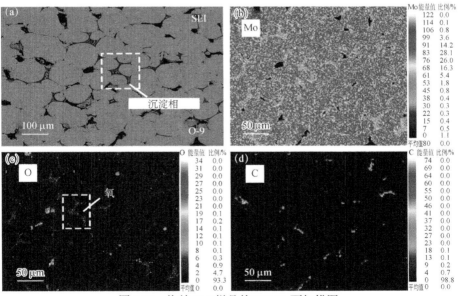

图 6.24　烧结 O-9 样品的 EPMA 面扫描图

（a）SEI；（b）钼元素；（c）氧元素；（d）碳元素

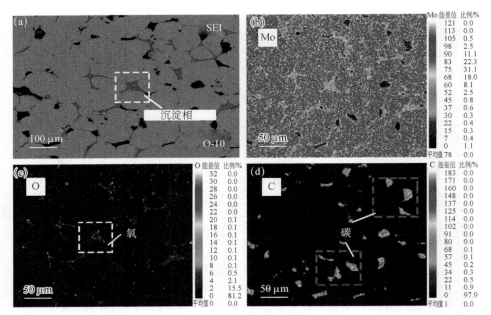

图 6.25　烧结 O-10 样品的 EPMA 面扫描图
（a）SEI；（b）钼元素；（c）氧元素；（d）碳元素

图 6.26 和图 6.27 为烧结 O-11 样品和烧结 O-12 样品的 SEI 与该区域中钼元素、杂质氧元素和杂质碳元素的 EPMA 分布图。当杂质氧含量为 6200 ppm 时，如图 6.26 所示，烧结 O-11 样品表面明显具有很多的孔隙，杂质氧在钼金属晶界处偏析明显，而且杂质氧的颜色明亮区域分布在整个烧结 O-11 样品的表面。同时，与图 6.23（d）中杂质氧含量为 3700 ppm 的样品相比，烧结 O-11 样品杂质碳在钼金属的孔隙处聚集，这表明杂质碳直接或间接地与部分孔隙中的杂质氧发生了反应，导致孔隙中杂质氧含量减少，最终导致烧结钼样品中总的杂质氧含量降低。这里杂质氧在钼金属晶界处主要以氧化物的形式存在。当杂质氧含量为 8600 ppm 时，如图 6.27 所示，相比烧结 O-8～O-11 样品，杂质氧在烧结 O-12 样品的表面分布面积最大，这与图 6.24 的钼金属表面杂质氧分布形成鲜明对比，另外，红色虚线框中显示出杂质碳元素在钼孔隙处有明显偏析。结合上文的 SEM-EDS 分析和 XPS 技术检测，杂质氧在烧结 O-12 样品晶界处主要以氧化物 MoO_2、MoO_3 以及中间相氧化物 Mo_4O_{11} 的形式存在。综上，EPMA 的面扫描结果表明，随杂质氧含量的逐渐增加，钼金属晶界处颜色发生显著变化，杂质氧主要分布在钼表面的晶界处。因此，利用 EPMA 面扫描技术能实现对杂质氧在钼金属中分布情况的说明，发现较低杂质碳主要分布在钼金属的孔隙中。

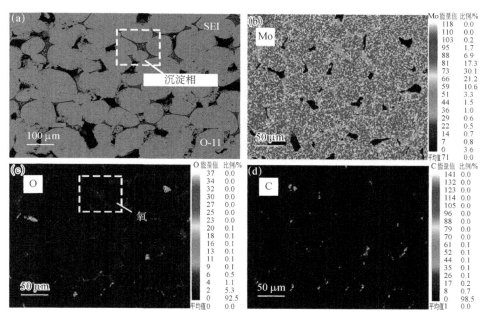

图 6.26　烧结 O-11 样品的 EPMA 面扫描图

（a）SEI；（b）钼元素；（c）氧元素；（d）碳元素

　　由于烧结 O-8～O-12 样品中杂质氧在钼金属晶界处明显的偏析现象，进一步通过 EPMA 技术中的能谱分析对烧结 O-8～O-12 样品的杂质氧和杂质碳的含量进行检测。如图 6.28 所示为具体的点扫描位置，如表 6.10 所示为杂质氧和碳元素的含量检测结果。根据表 6.10 中所有钼金属样品的杂质氧和碳元素的含量可以发现，烧结 O-8 样品的杂质氧平均含量为 0.402 wt%，烧结 O-9、烧结 O-10、烧结 O-11 和烧结 O-12 样品的杂质氧平均含量分别为 12.86 wt%、15.64 wt%、15.31 wt% 和 16.26 wt%，说明钼金属中烧结 O-8～O-12 样品杂质氧平均含量是逐渐增加的，其中烧结 O-12 样品杂质氧含量显著高于烧结 O-8 样品，这与上文的研究结果一致。通过 EPMA 技术发现，如图 6.28（a）所示，能谱位置 1、2 和 3 处的杂质氧含量基本相近。如图 6.28（b）所示，能谱位置 2 处杂质氧的质量百分比是能谱位置 1 的约 14 倍，这表明了能谱位置 2 处晶界处的杂质氧含量远高于晶粒内部。表 6.10 中烧结 O-10 样品的晶界处的能谱位置 1、3 和 5 中杂质氧的质量百分比相对于晶粒位置 2 和位置 4 中的质量百分比高约 40 倍。因此，通过 EPMA 技术结合能谱分析定量证明了在烧结过程中杂质氧在钼金属晶界区域的偏析行为，除了与杂质碳元素发生反应以外，钼金属晶界中总的杂质氧平均含量约为 12.09 wt%，说明杂质氧主要在钼金属晶界处富集。

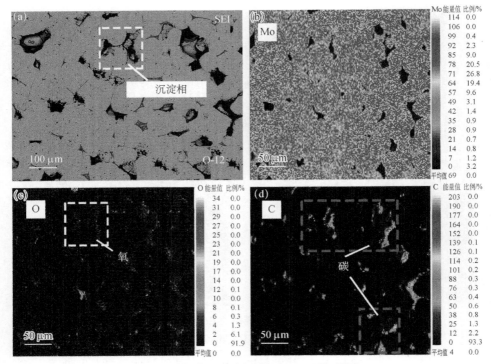

图 6.27   烧结 O-12 样品的 EPMA 面扫描图

（a）SEI；（b）钼元素；（c）氧元素；（d）碳元素

6.3.2   氧在钼金属烧结过程中的化学反应

本节控制了烧结钼金属中的杂质氧含量，设计了两组不同杂质氧含量的烧结钼样品，实际上真空烧结后的杂质氧含量检测结果与实验化学成分设计时的杂质氧含量有很大差别。例如，实验设计时的杂质氧含量为 5000 ppm，真空烧结后钼金属样品的杂质氧含量为 2300 ppm，主要原因是真空烧结过程中发生化学反应。杂质氧在钼金属中会因为真空碳管电阻炉的环境而发生反应，混合粉末中的杂质碳含量同样也发生了改变。因此，杂质氧元素和杂质碳元素在钼金属中发生的主要反应如下：

$$MoO_2 + 2H_2(g) = Mo + 2H_2O(g) \qquad (6\text{-}15)$$

$$MoO_3 + 3H_2(g) = Mo + 3H_2O(g) \qquad (6\text{-}16)$$

$$MoO_2 + 2CO(g) = Mo + 2CO_2(g) \qquad (6\text{-}17)$$

$$MoO_3 + 3CO(g) = Mo + 3CO_2(g) \qquad (6\text{-}18)$$

$$MoO_2 + 2C(g) = Mo + 2CO(g) \qquad (6\text{-}19)$$

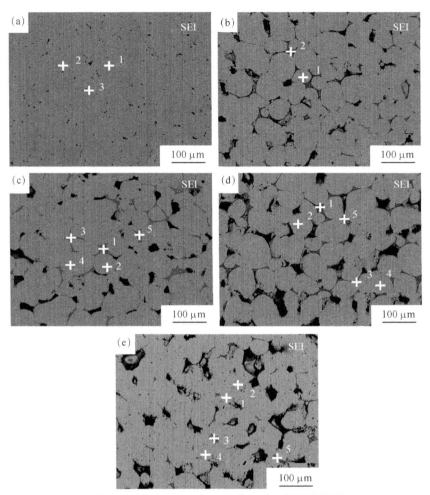

图 6.28 烧结 O-8～O-12 样品 EPMA 测量位置图

（a）O-8 样品；（b）O-9 样品；（c）O-10 样品；（d）O-11 样品；（e）O-12 样品

表 6.10 图 6.28（a）～（e）中测量的杂质氧和碳元素的含量

样品编号	测试点	元素含量/wt%	
		C	O
O-8	1	0.281	0.490
	2	0.335	0.561
	3	0.497	0.155
	平均值	0.371	0.402
O-9	1	0.747	1.728
	2	3.175	23.99
	平均值	1.961	12.86

样品编号	测试点	元素含量/wt%	
		C	O
O-10	1	0.269	25.65
	2	0.739	0.643
	3	0.689	25.95
	4	0.885	0.663
	5	0.682	25.28
	平均值	0.653	15.64
O-11	1	0.207	24.40
	2	0.302	1.115
	3	0.663	25.39
	4	0.745	1.061
	5	0.688	24.57
	平均值	0.521	15.31
O-12	1	0.629	26.43
	2	0.979	1.241
	3	0.403	26.08
	4	0.571	1.042
	5	0.230	26.52
	平均值	0.562	16.26

$$2MoO_3 + 3C(g) = 2Mo + 3CO_2(g) \qquad (6\text{-}20)$$
$$2CO_2(g) + 2C(g) = 4CO(g) \qquad (6\text{-}21)$$

对于反应方程（6-15）、（6-17）和（6-19）中所表示的反应，可以发现本章中实验设计的 MoO_2 粉末在与钼金属粉末充分混合后，会与真空烧结环境中的 H_2、CO 以及杂质碳元素发生反应，生成 H_2O、CO 和 CO_2 气体挥发，这里的还原剂分别为真空环境气体中的 H_2、CO 和 C。如图 6.29（a）所示为真空气氛中钼金属粉末压块与 MoO_2 粉末的碳热还原反应示意图。在粉末冶金过程中的杂质氧主要是以氧化物或氢氧化物形式存在于钼金属颗粒表面。图 6.29（a）中钼金属周围存在杂质碳元素和初始 MoO_2 粉末，杂质碳元素作为还原剂从外部大气迁移到钼金属的基体内，并与初始 MoO_2 粉末发生化学反应。生成的 CO 气体会在钼金属的孔隙网络结构中进行扩散，从而实现完全的还原反应。而且在真空环境中的 H_2 和 CO 气体同样作为还原剂与初始 MoO_2 粉末发生还原反应，生成的 H_2O、CO 和 CO_2 气体将被真空气氛排出。如图 6.29（b）所示是真空气氛中钼金属粉末压块与 MoO_3 粉末的碳热还原反应示意图。同样地，钼金属基体周围包围了杂质碳元素和初始 MoO_3 粉末，其中 MoO_3 粉末最初富集于钼金属表面上，但在压制工艺接触的过程中被钼金属粉末包围。大气环境中的 H_2 气体、CO 气体和杂质碳元素作为还原剂，与钼金属中的 MoO_3 粉末发生还原反应，最终生成 H_2O、CO 和 CO_2 气体并随真空烧结炉排出，发生该化学反应过程明显降低了 MoO_3 粉末含量和杂质氧含量。这说明了在 $0\sim1800℃$ 的高温烧结过程中，通过水的解吸、氢氧化物的分解和氧化钼的还原，发生了脱气和脱氧过程，促进了稳定氧化物的还原，降低了烧结钼金属样品的杂质氧含量。

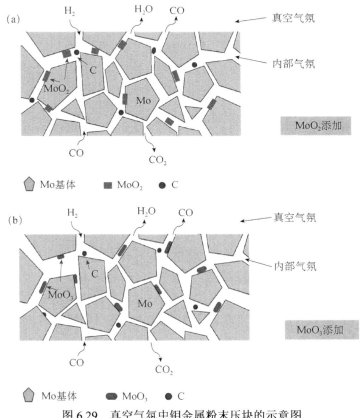

图 6.29 真空气氛中钼金属粉末压块的示意图
(a) 含有 MoO_2 粉末；(b) 含有 MoO_3 粉末

事实上，粉末冶金过程中在压制工艺时粉末压块的环境是"内部"和"外部"气氛环境的组合。外部环境是真空气氛，内部环境是由局部化学平衡所确定的，以分别确定 H_2、H_2O、CO 和 CO_2 的气体含量。以反应方程（6-17）为例，固态杂质碳元素与固态 MoO_2 粉末发生反应形成气态 CO_2。平衡常数可以写成

$$K_P = a_{钼} \cdot p_{CO} / a_{钼O_2} = p_{CO} \qquad (6\text{-}22)$$

这表明气态 CO 的分压决定了该化学反应过程[270]。对于 10^{-3} Pa 恒定真空烧结过程，气态 CO 产生后会继续扩散，并且局部 CO 气体的压强低于平衡 CO 气体的压强，因此该化学反应继续进行。对于直接碳热反应，如反应方程（6-19）和（6-20）所示，由于作为还原剂的杂质碳元素已经存在于钼金属压制块体之中，反应就将产生 CO 和 CO_2 气体，两者被排出以维持真空烧结的负压环境。除直接和间接碳热还原反应外，另一个需要考虑的相关化学反应方程是 Boudouard 平衡[271]反应方程（6-21），Boudouard 平衡反应是 C 与 CO_2 反应生成 CO 的反应，代表一种通过还原反应改变环境中 CO_2 气体的直接方法，在高温（<900℃）气化和真空烧结过程中起着重要作用。Boudouard 平衡反应方程更有利于高温环境下 CO 气体的存在，从而增强初始的氧化过程。在 1800℃ 的真空烧结下，钼金属样品中发生反应（6-21），平衡向右移动，并产生大量的 CO 气体。对于反应方程（6-15）～（6-18），还原剂 CO 气体、H_2 气体从外部大气迁移到钼金属基体，并与其氧化钼发生反应，生成的 H_2O 或 CO_2 气体必须从钼金属的孔隙网络中扩散，从而实现完全还原。

对于间接碳热反应来说，在钼金属中的氧化钼与杂质碳元素发生反应，生成的 CO 气体和 CO_2 气体会释放到大气中，从而将氧化钼转移到气体分子中降低杂质氧含量，而且有利于 1800℃ 高温下还原氧化物，消除内部吸收气体的影响[272-274]。因此，这里解释了本章中烧结 O-1～O-7 样品的杂质氧含量是烧结前的 1/15 的主要原因。钼金属样品内部发生直接和间接的碳热还原反应，都会导致气体分子通过钼金属的孔隙网络扩散到大气中，从而实现完全还原反应。综上所述，化学反应过程会增加钼金属孔隙数量，使烧结钼金属的致密度降低，从而阻碍钼金属的烧结过程。本节通过真空烧结工艺使得钼基体中的 MoO_2 和 MoO_3 粉末发生直接和间接碳热还原反应，从而降低了杂质氧含量。而环境中大量的 O_2 气体作为额外气体分子释放到大气中，剩余 O_2 气体会以间隙原子的形式存在于钼金属孔隙和晶格中，这说明了钼金属中存在的杂质氧元素为 44～3300 ppm 的主要原因，同时为控制钼金属中杂质氧的演变规律提供了新思路。

6.3.3　氧在钼金属中的形成机制

下面将讨论杂质氧在钼金属中形成氧化物的主要原因以及其在钼金属晶界的形成机制。由于钼-氧系统相平衡的可靠数据尚无定论，而且在 1100℃ 和 1700℃ 时，间隙杂质氧在钼金属中的溶解度非常低[44]，因此，除杂质氧在钼金属中以固溶体的形式存在外，自由氧元素也以稳定氧化物的形式存在。其中生

成的氧化钼包括 MoO_2 和 MoO_3，它们是氧化钼中最稳定的，其他氧化钼处于不稳定状态的中间氧化物。这些氧化钼可以由分子式 Mo_xO_{3x-1} 表示，其组成介于 MoO_2 和 MoO_3 之间。在 6.2.3 节中已经通过热力学计算阐明了 MoO_2、MoO_3 和 Mo_4O_{11} 相生成的原因。同时，由于杂质氧更容易沿晶界扩散，钼金属晶界处形成的氧化物含量会高于其晶粒中的氧化物[47]，且 MoO_3 也将部分挥发，氧化速率继续加快。当温度持续升高至 $1800℃$ 时，真空中存在的氧分子将分解为氧原子，并在钼金属的晶界处溶解。根据溶解度曲线，溶解的杂质氧含量约为110 ppm。反应生成的杂质氧会再次与钼原子反应，形成 MoO_2、MoO_3 和 Mo_4O_{11} 相。同样，随杂质氧含量增加，在 $1800℃$ 的真空烧结过程中杂质氧含量小于 66 at%时，主要烧结产物为钼和 MoO_2 相[160, 275]。结合图 6.22（e）和（f）所示，对于杂质氧含量超过 70 at%的烧结 O-12 样品，还能在钼金属的晶粒内部生成 MoO_3 和 Mo_4O_{11} 相。

　　在粉末冶金制备过程中，所用氧化物粉末中的杂质氧主要以氧化物或氢氧化物的形式存在于颗粒表面。MoO_2 粉末最初在混料球磨和压制中被钼金属包围。杂质氧以氧化物形式存在，杂质碳以游离碳的形式存在于钼基体中，而真空烧结过程对杂质的净化和去除主要依靠氧化钼的高温分解和脱附。在真空烧结的负压环境中，生成的 H_2O 和气态氧化物等排出系统，因此有利于氧化钼分解反应的进行，最终使得热力学反应更加充分和彻底，因而真空烧结在脱气、脱氧和净化方面比氢气烧结更有效。在烧结阶段，O-12 样品中杂质氧、杂质碳元素和氧化钼的微观结构演变结果表明，钼金属中 MoO_2、MoO_3 粉末与杂质碳之间发生了直接和间接碳热还原反应，最终导致钼基体中杂质碳和杂质氧的还原过程。本节已经分析得到脱气和脱氧过程是影响烧结钼样品中杂质氧含量的主要因素。大多数的 MoO_2 粉末被分解以获得更多的 CO 和 H_2O 气体，并且本章中使用的真空负压烧结将有利于氧化钼分解为钼原子和气体，使得其他气态氧化物排出系统。在真空烧结过程中，这些反应产生的 CO 气体被持续排出，因此反应总是向右持续进行。初始反应温度约为 $1200\sim1300℃$，反应在 $1500\sim1600℃$ 之间最剧烈，可以达到脱氧的最终目的，并且杂质碳含量也会降低。因此，相应的结果同样解释了不同杂质氧含量下的烧结 O-8～O-12 样品中杂质氧含量显著降低的主要原因。

　　为了清楚阐明真空烧结过程中烧结钼金属中杂质氧、杂质碳和氧化钼微观结构演变行为，给出如图 6.30 所示的烧结 O-12 样品中杂质氧、杂质碳和氧化钼的形成机制图。在真空烧结前，Mo 与 MoO_2 粉末进行固体-固体混合，如图 6.30（a）所示。当烧结温度超过 $1800℃$ 时，如图 6.30（b）所示，MoO_2 粉末分解为

Mo 和 MoO₃。从图 6.30（c）可以看出，MoO₂ 的分解反应发生后生成的 MoO₃ 相仍然主要分布在钼基体的晶界处，这有效降低了烧结钼金属中的杂质氧含量，最终得到杂质氧含量在 3700～8600 ppm 的五个烧结样品。炉冷却后生成的 MoO₂、MoO₃ 和 Mo₄O₁₁ 相将保留在钼金属晶界处，并分布在图 6.30（d）中的网状结构中。这也解释了大多数 MoO₃ 存在于烧结 O-12 样品的原因，即钼金属中的 MoO₂ 粉末会导致真空烧结后期发生强烈的化学反应，从而产生更多 MoO₃ 相，并且新生成的 MoO₃ 相会部分稳定存在于钼金属的晶界处。

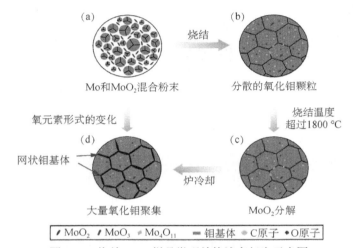

图 6.30　烧结 O-12 样品微观结构演变行为示意图
（a）Mo 和 MoO₂ 混合粉末；（b）晶界处氧化钼颗粒；（c）MoO₂ 分解反应；（d）晶界处氧化钼的偏析行为

6.4　杂质氧对粉末冶金钼的力学性能影响

6.4.1　不同杂质氧含量的烧结态钼金属力学性能分析

1. 杂质氧含量在 44～3300 ppm 的钼金属力学性能分析

对杂质氧含量为 44～3300 ppm 的烧结 O-1～O-7 样品进行了维氏硬度测试。如图 6.31 所示为不同杂质氧含量下钼金属样品的相对密度、显微硬度和平均晶粒尺寸测试结果，表 6.11 为相应的数据结果。通过真空烧结工艺制备的钼样品相对密度通常较低，如图 6.31 所示，烧结 O-1 样品的相对密度为 92.38%，相比杂质氧含量为 44 ppm 的烧结 O-1 样品，烧结 O-2～O-7 样品的相对密度略有降低，说明含有杂质氧会使烧结钼金属相对密度降低，与文献结论保持一致[276-278]，这也与图 6.13 中含有杂质氧的烧结钼样品具有较大孔隙的结果保持一致。由于真空烧结过程中大多数孔隙完全消失，而闭合孔隙逐渐增多，孔隙形状接近球形并继续收缩，最终闭合孔隙数量显著增加。结果表明，杂质氧含量在 44 ppm 的烧结钼样品的密度达到 90%以上，是因为杂质氧的存在使真空烧结期间释放的气体量较少，从而有效阻止钼金属中孔隙的产生，使烧结钼样品致密度较高。另外，该相对密度的结果说明本章实验方法可以制备出致密性较好的难熔钼金属，同时与不同杂质氧含量烧结钼样品形成对比。如图 6.31 所示，烧结 O-2 和 O-3 样品的相对密度均为 86.5%，烧结 O-5 和 O-6 样品的相对密度接近 90%。相比于烧结 O-1 样品，当杂质氧含量在 2200 ppm、2300 ppm、2900 ppm 和 3100 ppm 时，其相对密度是显著降低的，因此烧结过程中的深度脱氧会释放出气体，阻碍了烧结钼金属孔隙收缩，其中闭孔中气体的压力可增至很高，甚至超过引起钼金属孔隙收缩的表面应力，使得部分钼金属孔隙停止收缩，最终影响了烧结钼金属真空烧结中的致密化行为。因而烧结 O-4 和 O-7 样品的相对密度值较低。在烧结过程中，MoO_2 粉末和 MoO_3 粉末反应生成气体，同样增加了烧结钼金属的气体释放过程，并阻碍了烧结钼样品的收缩行为。烧结过程中氧化钼的存在可以在很大程度上增加烧结钼金属基体在封闭孔隙中的气体压力，甚至超过烧结钼基体孔隙收缩表面张力，这影响了钼金属的烧结过程和致密化程度。此外，上文已经得到钼样品在烧结过程中反应生成的几种氧化钼，它们不能完全发生还原反应，这往往会抑制钼金属烧结过程中"金属桥"的形成，从而影响了钼金属烧结过程的致密化行为，与文献中结果可以相互验证[279]。最终使得烧结 O-4 和 O-7 样品中的相对密度分别为 67.16%和 72.21%，平均晶粒尺寸分别为 14.54 μm 和 13.94 μm，表明了烧结钼金属中残余

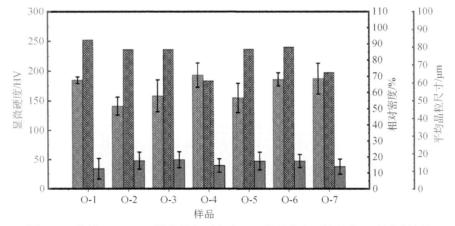

图 6.31　烧结 O-1～O-7 样品的相对密度、显微硬度和平均晶粒尺寸测试结果

表 6.11　烧结 O-1～O-7 样品的杂质氧含量、平均密度、显微硬度和平均晶粒尺寸

样品编号	杂质氧含量/ppm	平均密度/（g/cm³）	显微硬度/HV	平均晶粒尺寸/μm
O-1	44	9.42	184.650±5.69	12.54±6.5
O-2	2300	8.82	140.902±15.24	17.61±5.37
O-3	3100	8.83	158.112±27.02	18.23±5.04
O-4	3300	6.85	192.984±20.47	14.54±4.31
O-5	2900	8.84	154.674±24.80	17.36±5.58
O-6	2200	8.97	185.820±11.12	17.46±4.15
O-7	3300	7.37	187.105±26.03	13.94±4.74

的大孔隙和生成的几种氧化钼可以阻止钼金属晶界扩散移动、影响致密化行为以及抑制其晶粒尺寸大小。

如图 6.31 所示，烧结 O-1～O-7 样品的显微硬度与杂质氧含量、平均晶粒尺寸和孔隙率具有一定的相关性，与文献中结论保持一致[280]。烧结钼金属的理论硬度值约为 149.4 HV[281]。烧结 O-2～O-4 样品的硬度值表明，随着杂质氧含量的增加，其显微硬度值会显著增加，烧结 O-4 样品的硬度值达到约 193.0 HV。与烧结 O-1 样品相比，烧结 O-6、O-7 样品的显微硬度也逐渐增加。同样，杂质氧会削弱晶界强度，使烧结钼金属变脆。烧结钼金属的晶粒度会随杂质氧含量的不同而变化，烧结 O-1 样品晶粒尺寸较小，其杂质氧含量也是较低的，并且烧结 O-2、O-3、O-5 和 O-6 样品晶粒尺寸变化不大。因此，这里说明了杂质氧可以很好地溶解在钼基体中，使得杂质氧的强化效果最大化。因此，根据上述结果能推断烧结钼金属的杂质氧含量与强化模式之间的关系。除了影响钼金属晶粒尺寸外，杂质氧主要富集在烧结钼金属孔隙中，当杂质氧含量达到 3300 ppm 时，其杂质氧的富集直接影响烧结钼基体的固溶强化效果。特别地，当杂质氧含量在 44～3300 ppm 时，杂质氧溶解在烧结钼基体中，并且主要的强化方式为固溶强化。

2. 杂质氧含量在 3700～8600 ppm 的钼金属力学性能分析

如图 6.32 所示为烧结 O-8～O-12 样品的压缩工程应力-应变曲线以及屈服强度与维氏硬度对比结果。如图 6.32（a）所示为在 0.001 s⁻¹ 应变速率下的烧结钼样品压缩工程应力-应变曲线，在整个压缩变形过程中，烧结 O-8～O-12 样品的压缩工程应力-应变曲线都呈现上升趋势，其中烧结 O-9～O-11 样品的屈服强度分别为 323.95 MPa、295.8 MPa 和 341.74 MPa，并且三个样品的屈服强度相较于烧结 O-8 样品略有下降，说明了随着杂质氧含量的逐渐升高，烧结钼金属的屈服强度有所下降。此外，杂质氧含量为 8600 ppm 的烧结 O-12 样品的屈服强度比杂质氧含量为 6200 ppm 的烧结 O-11 样品的屈服强度要低约 43.4%。值得注意的是，随杂质氧含量增加，烧结钼金属的微观结构不仅发生变化，其压缩变形性能受到很大影响，明显降低了烧结钼金属的室温强度。

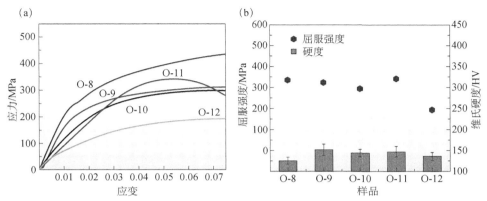

图 6.32　在 0.001 s^{-1} 应变速率下烧结 O-8～O-12 样品的压缩工程应力-应变曲线（a）和屈服强度与维氏硬度对比结果（b）

表 6.12 显示了烧结 O-8～O-12 样品压缩性能和晶粒尺寸的数据结果。对于杂质氧含量为 3700 ppm 的烧结 O-8 样品，由于在室温压缩变形时没有明显的屈服点，其在 0.59% 应变和 1384.85 MPa 压缩应力下发生断裂。当杂质氧含量为 4500 ppm 时，烧结 O-9 样品的压缩强度急剧下降至 98.83 MPa。当杂质氧含量增加到 8600 ppm 时，烧结 O-12 样品的压缩强度为 7.84 MPa，几乎要比烧结 O-8 样品低 99.43%。然后实验测量了同一区域中烧结 O-8～O-12 样品的维氏硬度，实验结果如图 6.32（b）所示。相比钼金属的维氏硬度[281]，烧结 O-8 样品的维氏硬度与其保持一致。相比于烧结 O-8 样品维氏硬度为 125.86 HV，杂质氧含量为 4500 ppm 的烧结 O-9 样品的维氏硬度提高到 152 HV 左右，表明了硬度随杂质氧含量的增加而略有增加。此时的杂质氧可以很好地溶解在钼基体中，而在晶界处没有明显的偏析，其中杂质氧的强化作用是固溶强化。与烧结 O-9 样品相比，杂质氧含量为 4600 ppm 的烧结 O-10 样品硬度降至 143.81 HV。上述研究表明，烧结钼金属的晶界处事实上存在大量的杂质氧偏析，包括 MoO_2 和 MoO_3 等氧化钼。众所周知，晶界处的杂质氧偏析会导致钼金属机械性能弱化，使钼金属变得更脆。如表 6.12 所示，不断增长的晶粒尺寸同样影响钼金属的维氏硬度。烧结 O-9～O-12 样品的杂质氧含量变化也可以证明杂质氧含量影响钼金属的硬度值，杂质氧含量为 8600 ppm 的烧结 O-12 样品的维氏硬度约为 136 HV，这些具有不同杂质氧含量的钼样品可以表现出相似的压缩工程应力-应变曲线和

硬度值。由于杂质氧在钼金属晶界处大量偏析，其晶界结合强度、压缩延性和硬度都降低。另外，具有不同杂质氧含量的烧结钼样品的晶粒尺寸列于表 6.12 中，说明烧结过程发生了再结晶和晶粒长大过程。与烧结 O-1 样品和烧结 O-5 样品相比，杂质氧含量从 3700 ppm 增加到 8600 ppm，使得烧结钼金属晶粒尺寸从 17.35 μm 增大到 24.70 μm，表明氧化钼的增多会使得烧结钼金属的晶粒尺寸显著增大。

表 6.12　烧结 O-8～O-12 样品的压缩性能和晶粒尺寸

样品编号	氧含量/ppm	压缩强度/MPa	屈服强度/MPa	维氏硬度/HV	晶粒尺寸/μm
O-8	3700	1384.85	—	125.86±8.28	17.35
O-9	4500	98.83	323.95	151.92±13.79	18.36
O-10	4600	35.97	295.8	143.81±9.01	20.11
O-11	6200	12.43	341.74	147.16±13.42	21.53
O-12	8600	7.84	193.58	136.01±9.88	24.70

6.4.2　不同杂质氧含量的变形态钼金属力学性能分析

1. 杂质氧含量在 650～1500 ppm 的钼金属室温压缩行为分析

图 6.33 和表 6.13 显示了变形 O-13～O-15 样品的室温压缩性能测试结果。对于杂质氧含量为 650～1500 ppm 的变形 O-13～O-15 样品，其压缩性能相比于图 6.32 所示的烧结钼样品有很大提高。本实验分别对比了去应力退火前后的室温压缩测试结果。如图 6.33（a）和（b）所示，去应力退火前后变形钼金属的室温压缩强度变化不明显，三种样品的室温压缩曲线几乎不变，但是杂质氧含量增加对变形钼金属仍具有优化作用，如图 6.33（b）所示，相比于杂质氧含量为 650 ppm 的样品，杂质氧含量为 1300 ppm 和 1500 ppm 的两种变形钼样品去应力退火后的室温压缩曲线略有提高。从表 6.13 所示的室温压缩测试的数据结果清晰地发现，退火前变形 O-13 样品的压缩强度为 1476.96 MPa，屈服强度为 19.14 GPa。退火后的变形 O-13 样品的压缩强度为 1448.05 MPa，屈服强度为 12.56 GPa，其压缩强度和屈服强度相比变形 O-14 样品和变形 O-15 样品均为最小，这是由于变形 O-13 样品中杂质氧含量较小（650 ppm）。变形 O-15 样品的压缩强度为 1476.96 MPa，屈服强度为 18.88 GPa，相比于变形 O-13 样品和变形 O-14 样品，其具有优异的室温压缩性能。综上所述，当杂质氧含量为 1300 ppm 时，变形钼金属具有较高的压缩强度，这也为后续制备不同氧含量的变形钼金属的高温力学性能相关研究提供参考。

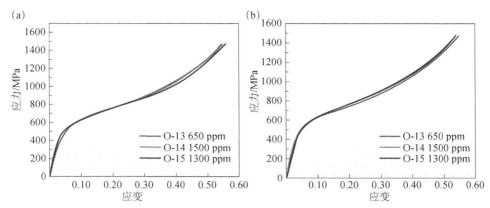

图 6.33　应变速率为 0.001 s⁻¹ 的变形 O-13～O-15 样品去应力退火前后压缩工程应力−应变曲线
（a）去应力退火前；（b）去应力退火后

表 6.13　变形 O-13～O-15 样品退火前后的室温压缩性能计算结果

	样品编号	杂质氧含量/ppm	压缩强度/MPa	屈服强度/GPa
退火前	O-13	650	1476.96	19.14
	O-14	1500	1470.07	16.02
	O-15	1300	1476.96	18.48
退火后	O-13	650	1448.05	12.56
	O-14	1500	1476.96	15.93
	O-15	1300	1476.96	18.88

2. 杂质氧含量在 650～1500 ppm 的钼金属纳米压痕分析

为了更准确地表征杂质氧对变形 O-13～O-15 样品的微观力学性能的影响，采用纳米压痕测试对变形钼金属的不同杂质氧含量样品的晶粒内部和晶界处显微硬度进行了更精确的探究。如图 6.34 所示为杂质氧含量范围为 650～1500 ppm 的变形 O-13～O-15 样品的纳米压痕形貌。如图 6.34（a）和（b）所示，在杂质氧含量为 650 ppm 的变形钼金属的晶粒内部和晶界处的纳米压痕形貌中，未观察到环形的剪切带或局部剪切行为，纳米压痕形貌平整且无剪切带，表明变形 O-13 样品表现出更加均匀的塑性变形行为。同样，如图 6.34（c）～（f）所示，在杂质氧含量分别为 1500 ppm 和 1300 ppm 的变形 O-14 样品和变形 O-15 样品中，其纳米压痕形貌平整，表现出均匀塑性变形行为。这也反映在压痕载荷随压痕深度曲线关系中。因此，随杂质氧含量从 650 ppm 增加到 1500 ppm，变形钼金属的纳米压痕形貌均能保持一致，未出现明显剪切带，说明了杂质氧含量升高对纳米压痕形貌影响不大，变形钼金属始终保持均匀塑性变形行为。

图 6.34　变形 O-13～O-15 样品晶粒内部和晶界处的纳米压痕形貌

（a）、（b）O-13 样品；（c）、（d）O-14 样品；（e）、（f）O-15 样品

　　如图 6.35 所示为杂质氧含量在 650～1500 ppm 的变形钼金属晶粒内部和晶界处施加的载荷与压头位移之间的关系。本章选用的纳米压痕测试技术的最大加载载荷为 30 mN。当纳米压头达到最大加载载荷 30 mN 时，对于杂质氧含量相同的变形钼金属来说，纳米压头的位移越小，纳米硬度值越大，其发生的塑性变形越小[282]。如图 6.35（a）和（b）所示，可以发现杂质氧含量在 650 ppm 时钼金属的晶粒内部和晶界处得到的载荷-位移曲线数据没有明显差别。图 6.35（a）中的变形 O-13 样品表面晶粒内部压痕的最大位移值趋于一致（蓝色虚线框表示），对应的最大平均位移为 588 nm。如图 6.35（b）所示，变形 O-13 样品表

面晶界处压痕的最大位移值同样具有相似的趋势，其中对应的最大平均位移深度为 572 nm。这说明了 O-13 样品中杂质氧元素在晶粒内部和晶界处偏析的纳米压痕硬度值保持一定的均匀性。图 6.35（c）和（d）为变形 O-14 样品晶粒内部和晶界处的载荷-位移曲线。相比图 6.35（a）和（b），变形 O-14 样品的压痕所

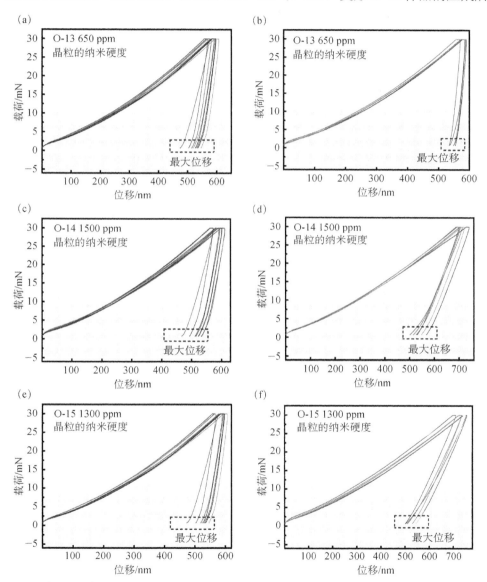

图 6.35　变形 O-13～O-15 样品的晶粒内部和晶界处的纳米压痕载荷-位移曲线

（a）、（b）O-13 样品；（c）、（d）O-14 样品；（e）、（f）O-15 样品

对应的载荷–位移曲线也没有明显的差异，且压痕的最大位移值趋于一致，其中压痕在晶粒内部最大位移为 594 nm，在晶界处的位移深度为 714 nm。图 6.35（e）和（f）所示为变形 O-15 样品晶粒内部和晶界处的载荷–位移曲线，压痕最大位移趋于一致，晶粒内部最大位移为 588 nm，晶界处最大位移为 741 nm。综上所述，纳米压痕形貌及加载过程的位移曲线均表明，杂质氧含量为 650～1500 ppm 的样品都呈现出均匀塑性变形，不同杂质氧含量下晶粒内部最大载荷位移和晶界处最大载荷位移分别保持一致，说明杂质氧的加入能够改善钼金属表面的力学性能均匀性。

通过 Oliver 和 Pharr 的方法[283]，计算了三种不同杂质氧含量下钼金属表面的晶粒内部（8 个测量点）和晶界处（6 个测量点）的平均纳米压痕硬度值，具体如图 6.36 所示。变形 O-13 样品晶粒内部的平均纳米压痕硬度值约为 2.14 GPa，变形 O-14 和 O-15 样品晶粒内部的平均纳米压痕硬度值约为 3.69 GPa。变形 O-13 样品的纳米压痕在钼金属晶界处的硬度值比晶粒内部高约 1.35 GPa，杂质氧含量分别为 1500 ppm 和 1300 ppm 的变形 O-14 和 O-15 样品在晶界处的硬度值比晶粒内部降低约 0.56 GPa。整体上看，较高的杂质氧含量可以提高变形钼金属的平均纳米硬度值，其中杂质氧对变形钼金属晶粒内部的纳米硬度影响最大。由于杂质氧更倾向于在钼金属晶界和孔隙处大量富集，因此杂质氧含量较多时晶界处纳米压痕硬度降低。同时，随杂质氧含量升高，其晶界处和晶粒内部之间的纳米硬度差异减小。

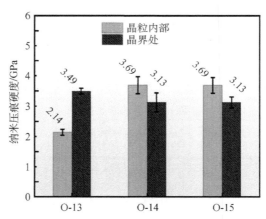

图 6.36　变形 O-13～O-15 样品晶粒内部与晶界处的纳米压痕硬度统计

基于 Oliver 和 Pharr 提出的方法，进一步从加载–卸载纳米压痕载荷–位移曲线中得到了纳米压痕过程的三种杂质氧含量样品的纳米压痕硬度和弹性模量计算结果，如表 6.14 和表 6.15 所示。表 6.14 为变形 O-13～变形 O-15 样品晶粒内部的纳米压痕硬度和弹性模量，其中变形 O-13 样品的弹性模量 E 为 145.64 GPa，变形 O-14 和 O-15 样品的弹性模量分别为 161.86 GPa 和 192.13 GPa，表明杂质氧含量为 1500 ppm 时钼金属中的化学成分会发生改变，钼样品弹性模量逐渐升高。然后通过纳米压痕硬度计算发现，变形 O-13 样品的纳米压痕硬度值为 2.14 GPa，变形 O-14 和 O-15 样品的纳米压痕硬度值为 3.69 GPa，再结合图 6.36 统计分析，说明了杂质氧会使得变形钼金属晶粒内部的纳米压痕硬度显著增加，其中变形 O-14 和 O-15 样品的纳米压痕硬度相比变形 O-13 样品增加了 1.55 GPa，因此纳米压痕硬度结果给出了三种不同杂质氧含量样品力学性能的定量判断。利用变形钼金属性能参数 H/E 可以衡量其抵抗塑性变形能力。根据表 6.14，变形 O-13 样品的 H/E 相比其他两种样品分别降低了 0.008 和 0.004，说明杂质氧含量为 650 ppm 时其抵抗塑性变形能力提高。

表 6.14　变形 O-13～O-15 样品晶粒内部的纳米压痕测试结果

样品编号		弹性模量 E/GPa	纳米压痕硬度 H/GPa	弹性模量 E 平均值/GPa	纳米压痕硬度 H 平均值/GPa	纳米压痕硬度/弹性模量 H/E
O-13	1	143.24	2.37			
	2	148.81	2.16			
	3	144.64	2.08			
	4	148.17	2.17			
	5	146.72	2.13	145.64	2.14	0.015
	6	146.91	2.10			
	7	143.00	2.06			
	8	143.63	2.07			
O-14	1	118.11	4.26			
	2	154.84	3.46			
	3	158.28	3.67			
	4	172.46	3.42			
	5	168.73	3.68	161.86	3.69	0.023
	6	171.24	3.55			
	7	173.10	3.53			
	8	178.08	3.94			
O-15	1	123.17	4.19			
	2	179.98	3.64			
	3	200.96	3.92			
	4	199.23	3.75			
	5	218.78	3.37	192.13	3.69	0.019
	6	196.58	3.64			
	7	215.91	3.50			
	8	202.39	3.54			

表 6.15 为变形 O-13～O-15 样品晶界处的纳米压痕硬度和弹性模量的测试结果，可以发现，变形 O-13 样品的弹性模量 E 为 387.07 GPa，变形 O-14 和 O-15 样品的弹性模量分别为 359.37 GPa 和 352.40 GPa，杂质氧含量从 650 ppm 增加到 1500 ppm 时钼金属晶界处的弹性模量略微降低。变形 O-13 样品的纳米压痕硬度值为 3.49 GPa，变形 O-14 和 O-15 样品的纳米压痕硬度值分别为 3.67 GPa 和 3.14 GPa，表明了杂质氧含量的增加会导致纳米压痕硬度值的略微降低。对于性能参数 H/E，变形 O-15 样品相比变形 O-13 样品略微下降，因此杂质氧含量在 650 ppm 时的钼金属晶界处的抵抗塑性变形能力有所提升。

表 6.15   变形 O-13～O-15 样品晶界处的纳米压痕测试结果

样品编号		弹性模量 E/GPa	纳米压痕硬度 H/GPa	弹性模量 E 平均值/GPa	纳米压痕硬度 H 平均值/GPa	纳米压痕硬度/弹性模量 H/E
O-13	1	389.43	3.47	387.07	3.49	9.016×10^{-3}
	2	366.78	3.68			
	3	345.72	3.44			
	4	321.04	3.49			
	5	402.13	3.47			
	6	497.33	3.37			
O-14	1	323.43	4.26	359.37	3.67	1.021×10^{-2}
	2	335.82	3.46			
	3	390.00	3.67			
	4	378.12	3.42			
	5	365.97	3.68			
	6	362.89	3.55			
O-15	1	322.50	3.09	352.40	3.14	8.910×10^{-3}
	2	348.30	2.94			
	3	377.10	3.44			
	4	351.90	2.99			
	5	369.70	3.12			
	6	344.90	3.23			

3. 杂质氧含量在 650～1500 ppm 的钼金属高温压缩行为分析

1）真应力–应变曲线分析

为了探究不同杂质氧含量下变形钼金属的高温压缩行为，本节测试了不同杂质氧含量的变形 O-13～O-15 样品在不同温度（1050℃、1150℃、1250℃、1350℃ 和 1550℃）和不同应变速率（0.001 s^{-1}、0.01 s^{-1}、0.1 s^{-1} 和 1 s^{-1}）的真应力–应变曲线。如图 6.37 所示为杂质氧含量为 650 ppm 的变形 O-13 样品在温度为 1050～1550℃，应变速率为 0.001～1 s^{-1} 的真应力–应变曲线。通过图 6.37

发现变形温度和应变速率对变形 O-13 样品的流变应力影响显著。随变形温度从 1050℃升高到 1550℃，如图 6.37（a）～（e）所示，流变应力明显降低。在一定变形温度下，应变速率从 0.001 s^{-1} 增大到 1 s^{-1}，流变应力不断升高。在高温

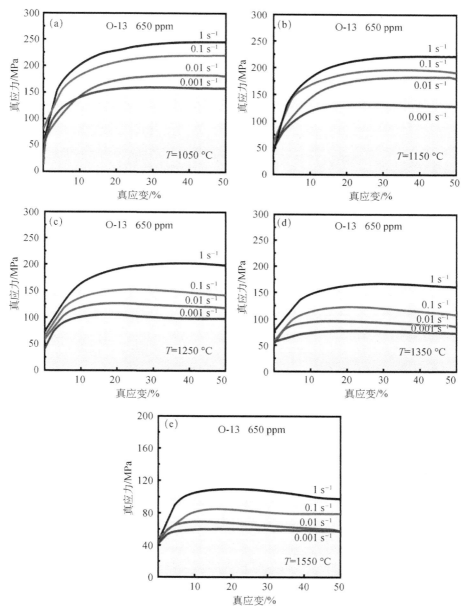

图 6.37　变形 O-13 样品在不同温度下变形的真应力–应变曲线
（a）T=1050℃；（b）T=1150℃；（c）T=1250℃；（d）T=1350℃；（e）T=1550℃

压缩开始时变形 O-13 样品流变应力迅速增加，这是钼金属的加工硬化效应所导致的[284]，然后其流变应力的增加率逐渐变小，最终曲线达到稳定状态，这种过程称为稳态行为。在该变形过程中表现出应变硬化和流变软化之间的平衡，以及动态再结晶（DRX）或动态回复（DRV）过程[82, 155]。在所有变形条件下，变形 O-13 样品真应力值均保持稳定。如图 6.37（d）和（e）所示，变形温度越高，这种应力稳定状态就会越早出现。当变形温度为 1550℃ 时，变形 O-13 样品的晶界迁移率提高、动态回复机制出现，使得其流变应力随真应变的增加而降低，动态软化程度更为显著，最终流变应力曲线达到稳定状态。因此，在一定应变速率下变形 O-13 样品的流变应力随温度变化，可以更好地理解为高温变形的微观机制。杂质氧含量在 650 ppm 的变形钼金属的微观变形机制包括加工硬化、动态回复和动态再结晶等。根据变形 O-13 样品的真应力−应变曲线（图 6.37）得到不同温度和应变速率下的峰值应力，如表 6.16 所示。

表 6.16　变形 O-13 样品在不同变形条件下的峰值应力

温度/℃	不同应变速率下的峰值应力/MPa			
	0.001 s^{-1}	0.01 s^{-1}	0.1 s^{-1}	1 s^{-1}
1050	159.60	182.55	219.62	245.31
1150	131.79	182.57	196.31	221.73
1250	105.41	126.65	152.47	202.00
1350	77.98	96.51	122.99	166.78
1550	60.10	69.33	84.92	109.56

如表 6.16 所示，变形 O-13 样品峰值应力随不同变形条件而变化。在一定应变速率下，变形温度对变形 O-13 样品的峰值应力具有重要影响。当压缩过程中变形温度从 1050℃ 升高到 1550℃ 时，应变速率为 0.001 s^{-1}、0.01 s^{-1}、0.1 s^{-1} 和 1 s^{-1} 时的峰值应力分别降低了 62.34%、62.02%、61.33% 和 55.34%，表明变形 O-13 样品峰值应力会随温度升高而快速降低，高温变形过程的温度升高是导致变形钼金属峰值应力减小的主要原因。事实上，较高的变形温度提高了变形钼金属的晶界迁移率，使变形钼金属易于发生动态软化过程，且真应力−应变曲线迅速达到稳定状态。其次，在一定的变形温度下，应变速率的增大对其峰值应力同样有明显增强作用。随应变速率增大，变形 O-13 样品在变形温度分别为 1050℃、1150℃、1250℃、1350℃ 和 1550℃ 时的峰值应力分别升高了 53.70%、68.24%、91.63%、113.88% 和 82.30%，表明该变形条件下应变速率提高使变形钼金属的峰值应力显著提高，其中变形钼金属发生加工硬化现象，应变速率增大使动态软化时间缩短，最终导致变形抗力增加。

进一步探究了变形 O-14 样品在不同温度下的真应力−应变曲线，如图 6.38

所示，同样发现该流变应力曲线均趋于稳定状态的现象，并且变形温度越高，曲线越早出现应力稳定状态。当温度为 1050℃ 时，变形 O-14 样品主要因为动态回复而产生软化，应变速率在 0.001～1 s^{-1} 之间，随变形温度的升高，变形 O-14

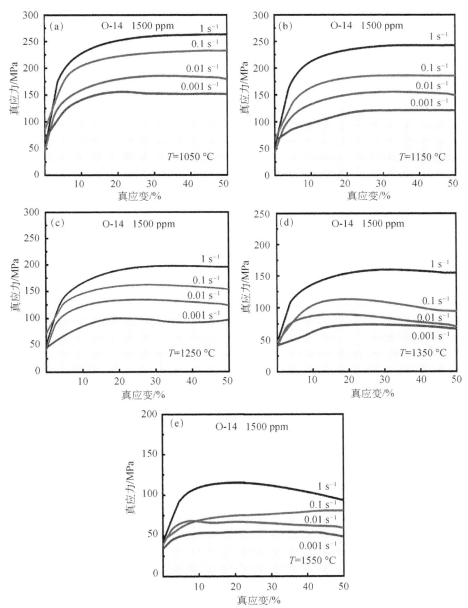

图 6.38　变形 O-14 样品在不同温度下变形的真应力–应变曲线
（a）T=1050℃；（b）T=1150℃；（c）T=1250℃；（d）T=1350℃；（e）T=1550℃

样品的峰值应力值降低，并且应力提前达到稳态。在温度保持一定时，变形 O-14 样品峰值应力同样随应变速率增大而增大。如表 6.17 所示为不同变形条件下变形 O-14 样品的峰值应力数据统计。当变形温度为 1550℃ 时，应变速率为 0.001 s^{-1}、0.01 s^{-1}、0.1 s^{-1} 和 1 s^{-1} 时的峰值应力分别降低了 64.63%、63.17%、65.26% 和 55.97%。当应变速率为 1 s^{-1} 时，变形温度为 1050℃、1150℃、1250℃、1350℃ 和 1550℃ 时，其峰值应力分别升高了 68.95%、100.20%、96.91%、116.24% 和 110.33%。

表 6.17   变形 O-14 样品在不同变形条件下的峰值应力

温度/℃	不同应变速率下的峰值应力/MPa			
	0.001 s^{-1}	0.01 s^{-1}	0.1 s^{-1}	1 s^{-1}
1050	155.80	185.47	232.64	263.22
1150	121.27	155.56	186.25	242.78
1250	100.30	134.24	162.19	197.50
1350	73.94	89.84	112.95	159.89
1550	55.10	68.30	80.81	115.89

表 6.18 所示为变形 O-15 样品在不同变形条件下的峰值应力。当温度为 1050℃ 时，应变速率为 0.001 s^{-1}、0.01 s^{-1}、0.1 s^{-1} 和 1 s^{-1} 的峰值应力分别为 152.86 MPa、188.83 MPa、220.38 MPa 和 245.48 MPa。随变形温度持续升高，应力状态提前趋于稳定状态。根据表 6.18 所示，不同变形温度和应变速率对变形 O-15 样品的峰值应力的影响相比变形 O-13 和 O-14 样品更大。当温度升高到 1550℃ 时，应变速率为 0.001 s^{-1}、0.01 s^{-1}、0.1 s^{-1} 和 1 s^{-1} 的峰值应力分别降低到 56.97 MPa、65.44 MPa、86.71 MPa 和 113.71 MPa，相比于温度为 1050℃ 时的峰值应力分别降低了 62.73%、65.34%、60.65% 和 53.68%，说明随变形温度升高，变形 O-15 样品晶界活性和原子扩散能力增强，使其易于滑动变形，导致峰值应力迅速降低，同样证实了变形温度升高是导致其峰值应力减小的主要原因。另外，在一定变形温度下，应变速率从 0.001 s^{-1} 升高到 1 s^{-1} 时，其峰值应力分别升高到 245.48 MPa、225.46 MPa、203.73 MPa、154.86 MPa 和 113.71 MPa，增长率分别为 60.59%、53.84%、108.72%、101.06% 和 99.60%，表明应变速率增大使变形钼金属的峰值应力增大。这是由于变形温度和应变量一定时，其应变速率增大缩短了压缩变形时间、发生动态回复和动态再结晶的时间，变形过程出现的塞积位错会持续增多，最终导致变形抗力增大。虽然在变形钼金属高温变形过程中，应变速率增大会产生变形热效应，从而降低其变形抗力，综合分析变形 O-13、O-14 和 O-15 样品中的变形抗力，其仍然有增大趋势，说明变

形温度和应变量一定时，应变速率增大使得变形钼金属的变形抗力明显增加。

表 6.18　变形 O-15 样品在不同变形条件下的峰值应力

温度/℃	不同应变速率下的峰值应力/MPa			
	$0.001\ s^{-1}$	$0.01\ s^{-1}$	$0.1\ s^{-1}$	$1\ s^{-1}$
1050	152.86	188.83	220.38	245.48
1150	146.36	154.12	193.71	225.46
1250	97.61	132.40	166.77	203.73
1350	77.02	94.28	114.72	154.86
1550	56.97	65.44	86.71	113.71

如图 6.39 所示，变形 O-15 样品的流变应力与变形 O-13 和 O-14 样品变化趋势相类似，其受到温度和应变速率的影响而变化，表现出应变硬化、流变软化及动态再结晶或动态回复的过程，最终曲线趋于稳定状态。杂质氧含量为 1300 ppm 的钼金属的微观变形机制包括了加工硬化、动态回复和动态再结晶等。

表 6.19 所示为在不同变形温度下应变速率为 $1\ s^{-1}$ 时变形 O-13～O-15 样品的峰值应力统计。对比变形 O-13～O-15 样品峰值应力，当温度为 1050℃ 时，杂质氧含量增加到 1500 ppm 时，钼金属峰值应力从 245.31 MPa 升高到 263.22 MPa，增长率为 7.3%。当温度升高到 1550℃，杂质氧含量增加到 1500 ppm 时，峰值应力从 109.56 MPa 升高到 115.89 MPa，增长率为 5.8%。因此峰值应力在一定变形速率和温度下随杂质氧含量增加而增大。

为了进一步探究不同应变速率、不同杂质氧含量对变形钼金属的高温应变行为的影响，分析了不同应变速率（$0.001\ s^{-1}$、$0.01\ s^{-1}$、$0.1\ s^{-1}$ 和 $1\ s^{-1}$）、不同杂质氧含量（650 ppm、1300 ppm 和 1500 ppm）的高温压缩过程的真应力-应变曲线。如图 6.40 所示为不同变形温度（1050℃、1150℃、1250℃、1350℃ 和 1550℃）下，变形 O-13～O-15 样品在应变速率为 $1\ s^{-1}$ 时的真应力-应变曲线。如图 6.40（a）所示，当变形温度为 1050℃ 时，变形 O-14 样品的变形抗力值（蓝色曲线表示）始终比变形 O-13 和变形 O-15 样品的变形抗力值大。随真应变增大到 0.5，三种样品的流变应力均达到稳定状态，其中在该变形条件下，杂质氧含量为 1500 ppm 的变形 O-14 样品具有较大的变形抗力。如图 6.40（b）所示，随变形温度达到 1150℃，相比其他两种样品，杂质氧含量为 1500 ppm 的变形 O-14 样品变形抗力值始终最大，其他两种样品真应力-应变曲线几乎完全重合。整体来看，变形 O-13～O-15 样品随变形温度升高，变形抗力值下降，与上文实验结果保持一致。当变形温度升高到 1250℃ 以后，如图 6.40（c）～（e）所示，变形钼金属开始发生回复再结晶，随真应变增加到 0.5，其晶界迁移率提高，变形抗力降低。从图 6.40 发现，当杂质氧含量为 1500 ppm 时，杂质氧在钼基体中能有效阻止钼金属位错运动，避免位错进一步扩展，最终提高了钼金属的高温强度和塑性性能。

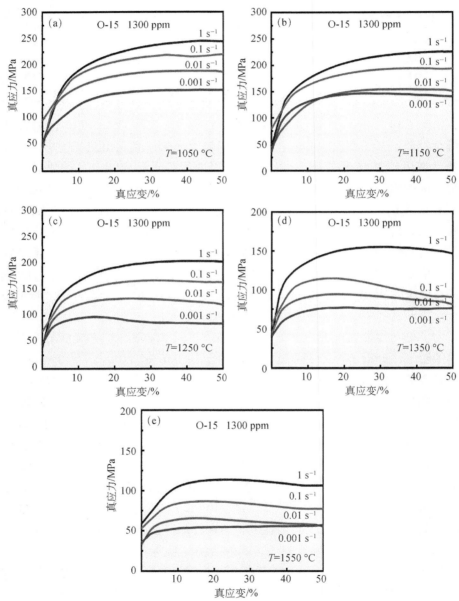

图 6.39   变形 O-15 样品在不同温度下变形的真应力-应变曲线
（a）T=1050℃；（b）T=1150℃；（c）T=1250℃；（d）T=1350℃；（e）T=1550℃

表 6.19　在不同变形温度下应变速率为 1 s⁻¹ 时变形 O-13～O-15 样品的峰值应力

样品编号	峰值应力/MPa				
	1050℃	1150℃	1250℃	1350℃	1550℃
O-13（650 ppm）	245.31	221.73	202.00	166.78	109.56
O-14（1500 ppm）	263.22	242.78	197.50	159.89	115.89
O-15（1300 ppm）	245.48	225.46	203.73	154.86	113.71

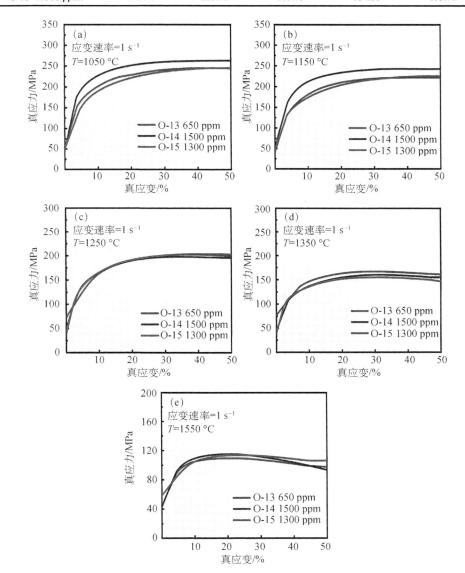

图 6.40　不同温度下变形 O-13～O-15 样品在应变速率为 1 s⁻¹ 时的真应力–应变曲线
（a）T=1050℃；（b）T=1150℃；（c）T=1250℃；（d）T=1350℃；（e）T=1550℃

表 6.20 为在不同变形温度下应变速率为 0.1 s⁻¹ 时变形 O-13～O-15 样品的峰值应力。通过对比三种样品的峰值应力发现，在变形温度为 1050℃ 时，变形 O-14 样品峰值应力最大（232.64 MPa），相比变形 O-13 样品的峰值应力的增长率为 5.9%，变形 O-15 样品的峰值应力同样有所提高，增长率为 0.35%。这里说明了当杂质氧含量增加到 1500 ppm 时，变形钼金属峰值应力提高。然而，随着变形温度不断升高，不同杂质氧含量的钼金属的峰值应力值整体是下降的，并且杂质氧含量的增加对其峰值应力的影响作用较小，变形温度成为最主要的影响因素。当变形温度为 1550℃ 时，杂质氧含量从 650 ppm 增加到 1300 ppm，峰值应力会从 84.92 MPa 升高到 86.71 MPa，增长率为 2.1%。因此，峰值应力在一定变形条件下随杂质氧含量的增加略微增加。

表 6.20   在不同变形温度下应变速率为 0.1 s⁻¹ 时变形 O-13 ~ O-15 样品的峰值应力

样品编号	峰值应力/MPa				
	1050℃	1150℃	1250℃	1350℃	1550℃
O-13（650 ppm）	219.62	196.31	152.47	122.99	84.92
O-14（1500 ppm）	232.64	186.25	162.19	112.95	80.81
O-15（1300 ppm）	220.38	193.71	166.77	114.72	86.71

如图 6.41 所示，进一步分析了应变速率为 0.1 s⁻¹ 的不同杂质氧含量（650 ppm、1300 ppm 和 1500 ppm）钼金属的真应力-应变曲线。如图 6.41（a）所示，变形 O-14 样品（蓝色曲线表示）的变形抗力始终大于变形 O-13 和变形 O-15 样品，说明了在应变速率为 0.1 s⁻¹ 的高温压缩条件下，杂质氧含量增加到 1500 ppm 时的钼金属高温压缩强度提高。随真应变增大到 0.5，变形 O-13 和 O-15 样品流变应力同样达到稳定状态。在该变形条件下，杂质氧含量为 1500 ppm 的变形 O-14 样品的变形抗力最大。如图 6.41（b）所示，随变形温度升高到 1150℃，杂质氧含量为 1500 ppm 的变形 O-14 样品变形抗力受温度影响而明显降低，三条曲线随应变量的增加，最终均趋于稳定状态。如图 6.41（c）所示，当应变温度继续升高至 1250℃ 时，变形 O-13 样品的变形抗力受到影响最大，变形 O-14 和 O-15 样品的变形抗力基本保持一致。如图 6.41（d）和（e）所示，温度进一步升高，变形 O-14 样品的变形抗力受到影响最大，其峰值应力最低（80.81 MPa），并且高温下发生的动态再结晶使得其流变软化明显，最终导致变形 O-14 样品的高温性能降低。

表 6.21 为在不同变形温度下应变速率为 0.01 s⁻¹ 时变形 O-13～O-15 样品的峰值应力。当变形温度为 1050℃ 时，变形 O-15 样品的峰值应力有最大值（188.83 MPa），相对于变形 O-13 样品的增长率为 3.44%。整体来看，随变形温

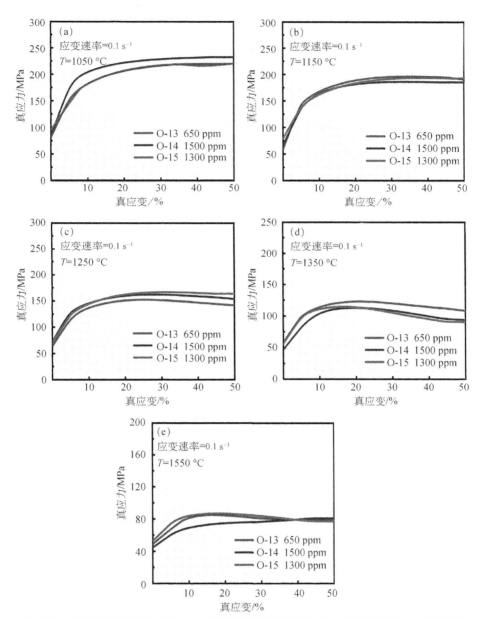

图 6.41　不同温度下变形 O-13～O-15 样品在应变速率为 0.1 s⁻¹ 时的真应力–应变曲线

（a）T=1050℃；（b）T=1150℃；（c）T=1250℃；（d）T=1350℃；（e）T=1550℃

度不断升高，这三种变形钼金属样品的峰值应力均有所降低，杂质氧含量的增
加对其峰值应力影响较小，其中变形温度和应变速率仍然为主要的影响因素。
当变形温度为 1550℃ 时，杂质氧含量从 650 ppm 增加到 1300 ppm，峰值应力从

69.33 MPa 降低到 65.44 MPa，下降率为 5.6%。杂质氧含量为 1500 ppm 的烧结 O-14 样品的峰值应力降低到 68.30 MPa，下降了 1.49%。因此，在高温变形过程中杂质氧含量对变形钼金属的高温强化效果不明显，峰值应力主要受到应变速率和变形温度的影响。

表 6.21　在不同变形温度下应变速率为 0.01 s⁻¹ 时变形 O-13～O-15 样品的峰值应力

样品编号	峰值应力/MPa				
	1050℃	1150℃	1250℃	1350℃	1550℃
O-13（650 ppm）	182.55	182.57	126.65	96.51	69.33
O-14（1500 ppm）	185.47	155.56	134.24	89.84	68.30
O-15（1300 ppm）	188.83	154.12	132.40	94.28	65.44

如图 6.42 所示为应变速率为 0.01 s⁻¹ 的不同杂质氧含量（650 ppm、1300 ppm 和 1500 ppm）钼金属的真应力-应变曲线。如图 6.42（a）所示，当变形温度在 1050℃ 时，变形 O-14 和 O-15 样品的变形抗力基本保持一致，变形 O-13 样品的变形抗力相对较小。同样地，随真应变增大到 0.5，三种变形样品的流变应力均达到稳定状态。在应变速率为 0.01 s⁻¹ 的条件下，杂质氧含量为 1300 ppm 的变形 O-15 样品的变形抗力最大。如图 6.42（b）所示，随变形温度升高到 1150℃，杂质氧含量为 1300 ppm 和 1500 ppm 的两种样品变形抗力受到变形温度的影响较大。如图 6.42（c）所示，当变形温度升高至 1250℃ 时，三种样品的变形抗力均降低。如图 6.42（d）所示，变形 O-14 样品的变形抗力相比于变形 O-13 和变形 O-14 样品是最低的。当变形温度为 1550℃ 时，如图 6.42（e）所示，变形温度对变形 O-14 和 O-15 样品的变形抗力有较大影响，变形 O-15 样品的峰值应力最低（65.44 MPa），同时发生动态回复和动态再结晶现象，这三种样品在应变量超过 0.2 时发生了流变软化现象，变形 O-15 样品的高温性能大幅度降低。

如表 6.22 所示为在不同变形温度下应变速率为 0.01 s⁻¹ 时变形 O-13～O-15 样品的峰值应力。可以发现，变形温度为 1050℃ 时，变形 O-13 样品的峰值应力为 159.60 MPa。随温度不断升高，三种变形样品的峰值应力均处于下降趋势，杂质氧含量的增加对其峰值应力几乎没有影响，其中变形温度和应变速率仍然为主要影响因素。当变形温度升高为 1550℃ 时，杂质氧含量为 650 ppm 的变形 O-13 样品的峰值应力相对较大（60.10 MPa），变形 O-14 和 O-15 样品的峰值应力较小。因此，在应变速率为 0.001 s⁻¹ 的条件下，杂质氧含量对变形钼金

属的高温强化作用不明显，变形钼金属的高温强度降低主要是由于应变速率和
变形温度的影响。

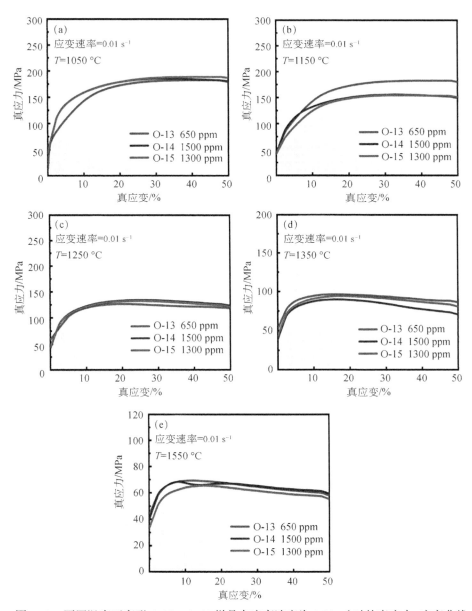

图 6.42　不同温度下变形 O-13～O-15 样品在应变速率为 0.01 s⁻¹ 时的真应力–应变曲线

（a）T=1050℃；（b）T=1150℃；（c）T=1250℃；（d）T=1350℃；（e）T=1550℃

表 6.22   在不同变形温度下应变速率为 0.001 s^{-1} 时变形 O-13～O-15 样品的峰值应力

样品编号	峰值应力/MPa				
	1050℃	1150℃	1250℃	1350℃	1550℃
O-13（650 ppm）	159.60	131.79	105.41	77.98	60.10
O-14（1500 ppm）	155.80	121.27	100.30	73.94	55.10
O-15（1300 ppm）	152.86	146.36	97.61	77.02	56.97

如图 6.43 所示为不同温度下变形 O-13～O-15 样品在应变速率为 0.001 s^{-1} 时的真应力-应变曲线。如图 6.43（a）所示，当变形温度为 1050℃ 时，变形 O-13～O-15 样品的变形抗力基本趋于一致，其中变形 O-15 样品的变形抗力相对较小。随真应变逐渐增大到 0.5，三种样品的流变应力均达到稳定状态。当应变速率为 0.001 s^{-1} 时，杂质氧含量为 650 ppm 的变形 O-13 样品变形抗力相对最大，但是这三种样品的变形抗力整体较低。如图 6.43（b）所示，随变形温度升高到 1150℃，杂质氧含量为 1300 ppm 的钼样品变形抗力较高，其中变形 O-14 样品的变形抗力受到变形温度的影响而降低。如图 6.43（c）所示，当变形温度升高到 1250℃ 时，变形 O-13～O-15 样品的变形抗力进一步降低。当应变量超过 0.3 时，三种样品出现了流变软化现象。如图 6.43（d）所示，变形 O-13～O-15 样品的变形抗力进一步降低。如图 6.43（e）所示，当变形温度为 1550℃ 时，温度对变形 O-14 和 O-15 样品的变形抗力有较大影响，变形 O-14 样品的峰值应力降低到 55.10 MPa。在应变量较大时，同样发生动态回复和动态再结晶现象，然后曲线趋于稳定状态。较大的应变量最终使得变形钼金属的高温力学性能较差。

本节通过不同杂质氧含量的钼金属进行高温压缩实验，探究了变形 O-13～O-15 样品在不同温度和不同应变速率的真应力-应变曲线，说明了应变速率在 0.1～1 s^{-1} 下杂质氧影响了钼金属在高温时小应变范围的应力-应变行为。杂质氧含量的变化对钼金属的峰值应力有显著影响，杂质氧含量的降低可以提高钼金属的高温力学性能。应变速率在 0.01～0.001 s^{-1} 下，杂质氧含量对钼金属高温变形行为影响较小，而变形温度和应变速率是影响钼金属高温变形的主要因素。本节对变形 O-13～O-15 样品在 20% 真应变的屈服强度进行了相应统计和分析。具体如表 6.23 所示，当温度分别为 1050℃、1150℃、1250℃、1350℃ 和 1550℃，应变速率为 1 s^{-1} 时，杂质氧含量为 1500 ppm 的变形 O-14 样品的屈服强度分别为 259.50 MPa、233.52 MPa、189.84 MPa、154.50 MPa 和 110.23 MPa，相比杂质氧含量为 650 ppm 的变形 O-13 样品，变形温度在 1050℃、1150℃、1250℃ 和 1550℃ 的屈服强度分别提高了 7.91%、11.22%、0.001% 和 3.78%。当变形温度为

1350℃时，杂质氧含量为 1500 ppm 的变形 O-14 样品的屈服强度比变形 O-13 样品降低了 5.2%，这是由于变形钼金属可能发生了回复和再结晶，其中含有杂质氧的钼金属再结晶温度约为 1250～1350℃[201]，当变形温度达到 1350℃时，钼金属基体中原子热振动剧烈，发生空位移动、位错滑移和攀移等过程。

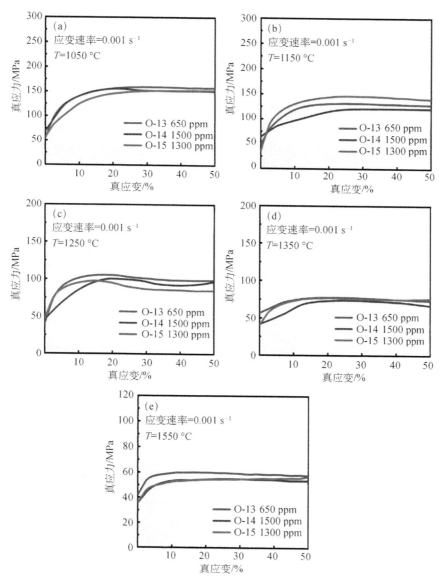

图 6.43　不同温度下变形 O-13～O-15 样品在应变速率为 0.001 s⁻¹ 时的真应力–应变曲线
（a）T=1050℃；（b）T=1150℃；（c）T=1250℃；（d）T=1350℃；（e）T=1550℃

表 6.23   应变速率为 1 s⁻¹ 时变形 O-13～O-15 样品在不同变形温度下的屈服强度

样品编号	屈服强度/MPa				
	1050℃	1150℃	1250℃	1350℃	1550℃
O-13（650 ppm）	240.47	209.97	190.87	163.05	106.21
O-14（1500 ppm）	259.50	233.52	189.84	154.50	110.23
O-15（1300 ppm）	235.91	203.62	191.41	151.71	110.64

如图 6.41～图 6.43 所示，钼金属都发生了回复和再结晶现象，其中钼金属发生回复和再结晶的时间会随着应变速率的减小而延长，其变形抗力会明显下降。当变形温度小于 1350℃时，钼金属只发生回复和加工硬化[83]，因此当钼金属开始发生再结晶时，其变形抗力的下降以及明显的动态软化作用导致杂质氧含量为 1500 ppm 的钼金属的屈服强度降低。另外，当杂质氧含量为 1300 ppm 时，如表 6.23 所示，变形钼金属在 1050℃、1150℃、1250℃、1350℃和 1550℃下的屈服强度分别为 235.91 MPa、203.62 MPa、191.41 MPa、151.71 MPa 和 110.64 MPa，相比于杂质氧含量为 650 ppm 的钼金属的屈服强度，在 1050℃、1150℃和 1350℃下分别降低了 1.9%、3.0%和 7.0%，在 1250℃和 1550℃时分别升高了 0.3%和 4.2%。这说明了当杂质氧含量低于 1500 ppm 时，杂质氧含量对变形钼金属屈服强度的影响实际上不明显，而且变形钼金属发生再结晶现象，使得其动态软化作用突出。综上所述，杂质氧可以提高变形钼金属的高温力学性能，当应变速率一定时，随着变形温度逐渐升高，相比变形 O-13 样品，杂质氧含量为 1500 ppm 的变形 O-14 样品的屈服强度明显提高，杂质氧含量为 1300 ppm 的变形 O-15 样品的屈服强度略微提高。

2）真应力-应变本构方程构建

钼金属的高温变形行为是其在变形过程中微观组织演变的宏观反映和微观变形机制，其中变形温度、应变速率和应变程度是影响钼金属高温变形行为的最主要因素。在高温变形过程中，不仅需要明确最佳的热加工参数，而且需要了解和预测在不同变形温度和应变速率下的流变行为[82]。迄今为止，已经有研究报道基于高温压缩实验建立钼金属本构模型[285, 286]，但对钼金属中含有杂质氧的本构方程研究不足。本节研究是为了预测和确定在不同热变形条件下不同杂质氧含量的钼金属的热压缩变形行为。

对于粉末冶金法制备的变形钼金属本构模型的构建，通常采用的本构方程是 Sellars 和 Tagart 提出的修正 Arrhenius 公式，该公式包括变形激活能 Q 和温度 T 的双曲正弦形式[214, 287]。从而准确描述应变速率、变形温度和流变应力之间的关系[288]，下面 Arienius 公式反映了应变速率、变形温度和流变应力的关系[285]：

$$\dot{\varepsilon} = AF(\sigma)\exp(-Q/RT) \tag{6-23}$$

式中，$F(\sigma)$ 为应力函数，R 为普适气体常数（8.314 J/（K·mol）），Q 为高温变形激活能（kJ/mol），$\dot{\varepsilon}$ 为应变速率（s^{-1}），T 为变形温度（K），A 为钼金属常数。应力函数 $F(\sigma)$ 在不同应力水平时有相应表达形式，如式（6-24）~式（6-26）所示[285]：

$$F(\sigma) = \sigma^{n_1}, \quad \alpha\sigma < 0.8 \tag{6-24}$$

$$F(\sigma) = \exp(\beta\sigma), \quad \alpha\sigma > 1.2 \tag{6-25}$$

$$F(\sigma) = [\sinh(\alpha\sigma)]^n \tag{6-26}$$

式（6-24）~式（6-26）中，n_1 是与变形温度无关的常数，α 为应力水平参数[285]，β 是与变形温度无关的常数，并且 $\alpha = \beta/n_1$（MPa^{-1}），σ 表示稳定流变应力或峰值应力[286]，n 为应力指数。将式（6-24）~式（6-26）分别代入式（6-23）中能够得到高温变形过程中应变硬化与动态软化的平衡关系：

$$\dot{\varepsilon} = A_1\sigma^{n_1}\exp(-Q/RT), \quad \alpha\sigma < 0.8 \tag{6-27}$$

$$\dot{\varepsilon} = A_2\exp(\beta\sigma)\exp(-Q/RT), \quad \alpha\sigma > 1.2 \tag{6-28}$$

$$\dot{\varepsilon} = A[\sinh(\alpha\sigma)]^n\exp(-Q/RT) \tag{6-29}$$

其中，A_1、A_2、A、n、n_1 是与钼金属相关的常数。Zener-Hollomon 参数（Z）用于表示变形温度和应变速率对钼金属变形行为的影响[289]：

$$Z = \dot{\varepsilon}\exp(-Q/RT) = A[\sinh(\alpha\sigma)]^n \tag{6-30}$$

其中，Z 是温度补偿变形率因子，当高温变形温度确定时，把温度代入方程（6-30）中并且取方程（6-27）~（6-29）的自然对数，得到以下方程：

$$\ln\dot{\varepsilon} = \ln A_1 + n_1\ln\sigma - \frac{Q}{RT} \tag{6-31}$$

$$\ln\dot{\varepsilon} = \ln A_2 + \beta\sigma - \frac{Q}{RT} \tag{6-32}$$

$$\ln\dot{\varepsilon} = \ln A + n\ln[\sinh(\alpha\sigma)] - \frac{Q}{RT} \tag{6-33}$$

其中，n_1 和 β 分别是 $\ln\sigma\text{-}\ln\dot{\varepsilon}$ 和 $\sigma\text{-}\ln\dot{\varepsilon}$ 曲线的斜率，本节利用式（6-31）和式（6-32）对杂质氧含量为 650 ppm 的钼金属（变形 O-13 样品）进行线性回归分析，可以得到如图 6.44 所示的不同温度下的 $\ln\sigma\text{-}\ln\dot{\varepsilon}$ 和 $\sigma\text{-}\ln\dot{\varepsilon}$ 关系。

根据图 6.44（a）的斜率倒数求平均值，得到 $n_1 = 12.220$，然后通过图 6.44（b）得到斜率倒数求平均值，得到 $\beta = 0.090$。因此 $\alpha_{\text{O-13}} = \dfrac{\beta}{n_1} = 0.00736 \text{ MPa}^{-1}$。

此时式（6-23）和式（6-26）中未知参数有 A、n 和 Q。再将式（6-26）代入

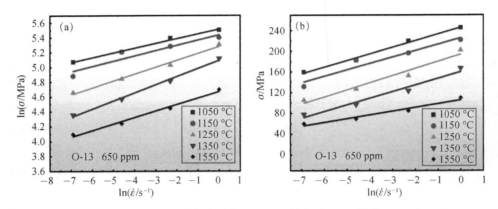

图 6.44   杂质氧含量为 650 ppm 的变形 O-13 样品

(a) $\ln\sigma$-$\ln\dot{\varepsilon}$ 关系图；(b) σ-$\ln\dot{\varepsilon}$ 的关系图

（6-23）中，得到 $\dot{\varepsilon} = A[\sinh(\alpha\sigma)]^n \exp(-Q/RT)$ ，对该方程取对数得到 $\dfrac{Q}{RT}$ +

$\ln\dot{\varepsilon} = \ln A + n\ln[\sinh(\alpha\sigma)]$ ，再求出 $\ln\dot{\varepsilon}$ 的倒数得到 $n = \dfrac{\partial\ln\dot{\varepsilon}}{\partial\ln[\sinh(\alpha\sigma)]}$ ，因此 n 值

为 $\ln\dot{\varepsilon}$-$\ln[\sinh(\alpha\sigma)]$ 曲线的斜率，其中热变形激活能与应变速率、变形温度等因素有关。当应变速率保持不变时，Q 值可以表示为

$$Q = RTn\frac{\partial\ln[\sinh(\alpha\sigma)]}{\partial\ln\dot{\varepsilon}} = R \times \left\{\frac{\partial\ln\dot{\varepsilon}}{\partial\sinh(\alpha\sigma)}\right\}_T \times \left\{\frac{\partial\ln[\sinh(\alpha\sigma)]}{\partial\left(\dfrac{1}{T}\right)}\right\}_{\dot{\varepsilon}} = R \times B \times n$$

（6-34）

因此 $B = \dfrac{\partial\ln[\sinh(\alpha\sigma)]}{\partial\left(\dfrac{1}{T}\right)}$ ，B 为曲线 $\dfrac{\ln[\sinh(\alpha\sigma)]}{\dfrac{1}{T}}$ 的斜率。 $\ln\dot{\varepsilon}$-$\ln[\sinh(\alpha\sigma)]$ 和

$\ln[\sinh(\alpha\sigma)]$-$1000/T$ 散点图如图 6.45 所示。通过线性回归分析，即可求出直线的平均应力指数 n_{O-13}=8.597632 和 B_{O-13}=6.13814，因此本实验中变形 O-13 样品的变形激活能为 Q_{O-13}=438.75862 kJ/mol。

根据式（6-31）和式（6-32），本节也构建了变形 O-14 和 O-15 样品的本构方程，并且进行线性回归分析，可以得到如图 6.46 所示的不同温度下 $\ln\sigma$-$\ln\dot{\varepsilon}$ 和 σ-$\ln\dot{\varepsilon}$ 关系图。根据图 6.46（a）的斜率倒数求平均值，得到了 O-14 样品的 n_1 = 10.398，并且通过图 6.46（b）得到的斜率倒数求平均值，得到了 O-14 样品的 β = 0.0786，因此 $\alpha_{O-14} = \dfrac{\beta}{n_1}$ =0.00756 MPa^{-1}。如图 6.46（c）和（d）所示，同

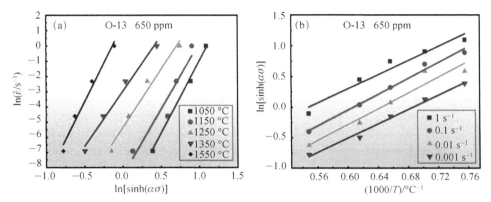

图 6.45　杂质氧含量为 650 ppm 的变形 O-13 样品的 $\ln\dot{\varepsilon}$-$\ln[\sinh(\alpha\sigma)]$ 关系图（a）和
$\ln[\sinh(\alpha\sigma)]$-$1000/T$ 关系图（b）

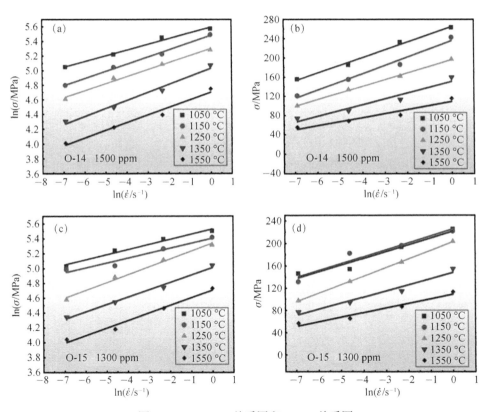

图 6.46　$\ln\sigma$-$\ln\dot{\varepsilon}$ 关系图和 σ-$\ln\dot{\varepsilon}$ 关系图
（a）和（b）为变形 O-14 样品；（c）和（d）为变形 O-15 样品

样得到 O-15 样品的 $n_1=11.797$ 和 $\beta=0.0881$ ，所以 $\alpha_{\text{O-15}}=\dfrac{\beta}{n_1}=0.00747\,\text{MPa}^{-1}$ 。如图 6.47 所示为 $\ln\dot{\varepsilon}$-$\ln[\sinh(\alpha\sigma)]$ 和 $\ln[\sinh(\alpha\sigma)]$-$1000/T$ 散点图。通过线性回归分析，即可求出直线的平均应力指数 $n_{\text{O-14}}=7.450642$ 和 $B_{\text{O-14}}=6.47083$ ， $n_{\text{O-15}}=8.335056$ 和 $B_{\text{O-15}}=6.23683$ 。因此，O-14 和 O-15 样品的变形激活能分别为 $Q_{\text{O-14}}=400.83322\,\text{kJ/mol}$ 和 $Q_{\text{O-15}}=432.19770\,\text{kJ/mol}$ 。

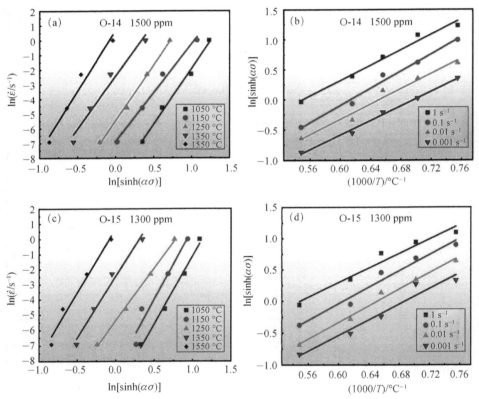

图 6.47 　 $\ln\dot{\varepsilon}$-$\ln[\sinh(\alpha\sigma)]$ 关系图和 $\ln[\sinh(\alpha\sigma)]$-$1000/T$ 关系图
（a）和（b）为变形 O-14 样品；（c）和（d）为变形 O-15 样品

然后取方程（6-30）两侧的对数，方程（6-30）被转换为
$$\ln Z=\ln A+n\ln[\sinh(\alpha\sigma)] \tag{6-35}$$

如图 6.48 所示为变形 O-13 样品 $\ln[\sinh(\alpha\sigma)]$ 和 $\ln Z$ 之间的关系图，利用最小二乘法进行线性拟合，并计算变形 O-13 样品线性回归线的截距，最终得到 $\ln A_{\text{O-13}}=29.4148$ ，因此计算出 $A_{\text{O-13}}=e^{29.4148}$ ，斜率 $n=8.4126$ ，与上文计算的 n 值相比无显著差异。

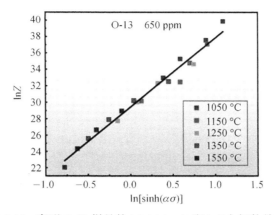

图 6.48　变形 O-13 样品的 ln[sinh($\alpha\sigma$)] 和 lnZ 之间的关系

同样计算了变形 O-14 和 O-15 样品线性回归线的截距，如图 6.49（a）和（b）分别得到 $\ln A_{O-14}$=29.67934 和 $\ln A_{O-15}$=29.56545，因此计算出 A_{O-14}=e$^{29.67934}$ 和 A_{O-15}=e$^{29.56545}$，斜率 n_{O-14}=7.8134 和 n_{O-15}=8.2333，与上文计算出的变形 O-14 和 O-15 样品的两个 n 值无显著差异。

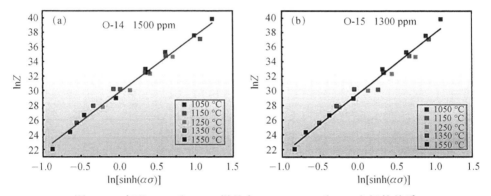

图 6.49　变形 O-14 和 O-15 样品中 ln[sinh($\alpha\sigma$)] 和 lnZ 之间的关系

综上所述，粉末冶金制备的变形 O-13、变形 O-14 和变形 O-15 样品在高温塑性变形下流变应力本构方程分别如下所示：

$$\dot{\varepsilon}=e^{29.4148}[\sinh(0.00739\sigma)]^{8.597632}\exp(-438759/RT) \tag{6-36}$$

$$\dot{\varepsilon}=e^{29.6793}[\sinh(0.00755\sigma)]^{7.450642}\exp(-400833/RT) \tag{6-37}$$

$$\dot{\varepsilon}=e^{29.5655}[\sinh(0.00747\sigma)]^{8.335056}\exp(-432198/RT) \tag{6-38}$$

根据式（6-29），将流变应力与 Zener-Hollomon 参数 Z 相结合的本构方程为

$$\begin{cases} \sigma = \dfrac{1}{\alpha} \ln\left\{\left(\dfrac{Z}{A}\right)^{1/n} + \left[\left(\dfrac{Z}{A}\right)^{2/n} + 1\right]^{1/2}\right\} \\ Z = \dot{\varepsilon}\exp\left(\dfrac{-Q}{RT}\right) \end{cases} \tag{6-39}$$

　　为了评估变形钼金属本构方程的预测能力，进一步使用平均绝对相对误差（average absolute relative error，AARE）进行计算，其表示为[275]

$$AARE(\%) = \dfrac{1}{N}\sum_{i=1}^{N}\left|\dfrac{\sigma_e^i - \sigma_p^i}{\sigma_e^i}\right| \times 100\% \tag{6-40}$$

其中，σ_e 是从本章高温压缩实验中获得的流变应力，σ_p 是通过该本构方程预测的流变应力，N 是实验中所有数据点的数量。图 6.50（a）显示了在高温压缩实验过程中变形 O-13 样品的流变应力和预测流变应力之间的相关性。拟合直线的斜率为 0.91426。根据式（6-40）计算出变形 O-13 样品 AARE 值为 4.9211%。同样，图 6.50（b）和（c）分别显示了变形 O-14 和 O-15 样品的流变应力和预测流变应力之间的相关性。计算出变形 O-14 形 O-15 样品的拟合直线的斜率分

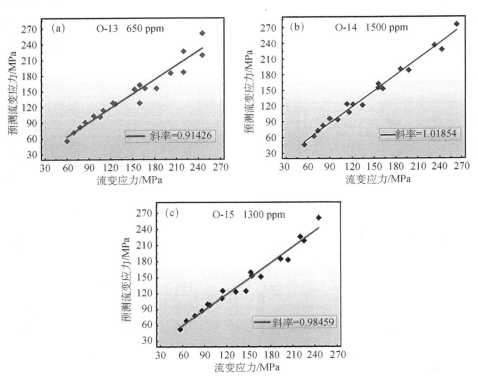

图 6.50　变形 O-13～O-15 样品的流变应力和预测流变应力之间的相关性

别为 1.01854 和 0.98459，它们的 AARE 值分别为 5.3692% 和 4.8861%。因此，这三种样品的 AARE 低值均表明，本节建立的三个本构模型对含有杂质氧的变形钼金属的流变应力具有良好的预测能力。

6.4.3　轧制量对不同杂质氧含量的轧制态钼金属力学性能的影响

图 6.51 显示了烧结钼样品和轧制 O-16～O-20 样品的维氏硬度。显然，烧结钼金属的维氏硬度偏低，其硬度值为 149.36 HV，而轧制 O-16～O-20 样品的维氏硬度显著提高。与烧结钼样品相比，95% 变形率下杂质氧含量为 77 ppm 的轧制 O-20 样品的维氏硬度增加了 173.8 HV，最大值为 323.16 HV。随着变形率的升高和杂质氧含量的降低，轧制 O-16～O-18 样品的维氏硬度不断增加，其中轧制 O-16 样品的维氏硬度增高到 232.21 HV，轧制 O-17 样品的维氏硬度增高到 259.58 HV，轧制 O-18 样品的维氏硬度增高到 293.03 HV，轧制过程中的退火工艺导致 90% 变形率的轧制 O-19 样品的硬度略有下降（287.50 HV），然而退火工艺事实上可以消除轧制 O-19 样品中的残余内应力，降低其硬度和防止轧制过程中出现裂纹。

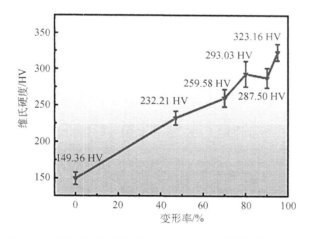

图 6.51　烧结钼样品和轧制 O-16～O-20 样品的维氏硬度

如图 6.52 所示为不同轧制变形率下轧制 O-16～O-20 样品的应力-应变曲线。发现在轧制变形后，杂质氧含量在 44～180 ppm 的轧制 O-16～O-20 样品的抗拉强度能够得到有效提高。其中杂质氧含量为 77 ppm 的轧制 O-20 样品表现出高达 1028.10 MPa 的优异极限抗拉强度（UTS）和 928.174 MPa 的高屈服强度（YS），而该钼金属的延伸率降低至 2.5%。由于轧制钼样品在冷轧后未退火，严重的加工硬化现象会导致轧制 O-16～O-20 样品的高累积残余应力和低延伸率，尤其是在变形率为 95% 下杂质氧含量为 77 ppm 的轧制 O-20 样品，其具有较高的残余应力和更低的延伸率。该结果与轧制 O-16～O-20 样品维氏硬度增加的情况保持一致（如图 6.51 所示），这说明随着杂质氧含量从 180 ppm 降低到 44 ppm，轧制钼金属力学性能不断提高。根据位错构型分析，热轧工艺对轧制 O-16 样品的位错影响较小，而冷轧工艺对轧制 O-20 样品中位错缠结的影响最为显著，使其加工硬化明显，同时轧制工艺对轧制钼金属中的杂质氧含量有明显的降低。因此，这是强度提高和韧性下降的主要原因。

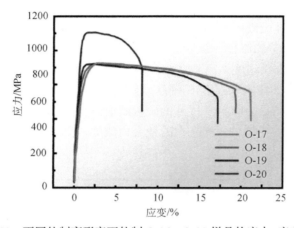

图 6.52　不同轧制变形率下轧制 O-16～O-20 样品的应力-应变曲线

6.4.4　杂质氧含量对轧制钼金属断口形貌及断裂机制的影响

如图 6.53 所示为轧制 O-17～O-20 样品的拉伸断口 SEM 图像和 EDS 分析。如图 6.53（a）所示为轧制 O-17 样品的断口形貌，根据能谱 1 的分析得到杂质氧含量为 19.80at%，钼含量为 80.20at%。在能谱 2 中钼含量为 83.55at%，杂质氧含量为 16.45at%（图 6.53（b））。相比轧制 O-17 样品，杂质氧含量降低了 3.35at%。如图 6.53（c）所示，随轧制变形率从 70% 增加到 90%，由于轧制变形中的热轧工艺会降低杂质氧元素在钼金属中的富集，因此杂质氧含量逐渐降低。如图 6.53（d）所示，能谱 4 中杂质氧含量为 12.42at%，钼含量为 87.58at%，表明轧制变形工艺会影响轧制 O-20 样品中的杂质氧含量，与表 6.8 检测的杂质氧含量数据结果保持一致。杂质氧主要分布在轧制钼金属的断裂表面。而轧制 O-16～O-20 样品的杂质氧含量在 44～180 ppm，杂质氧没有改变其断裂模式和晶界强度。根据 4.2 节结果，推测出随轧制钼金属中杂质氧含量降低，杂质氧倾向分布在轧制 O-16～O-20 样品孔隙处，最终以固溶体形式存在于轧制钼金属中。

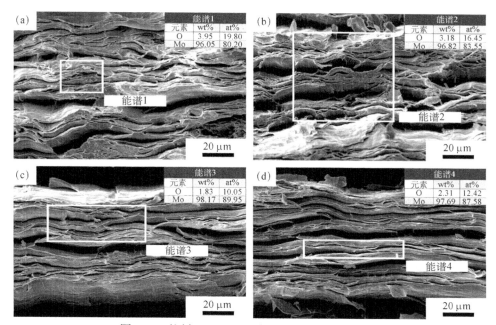

图 6.53　轧制 O-17～O-20 样品的 SEM-EDS 分析

（a）轧制 O-17 样品；（b）轧制 O-18 样品；（c）轧制 O-19 样品；（d）轧制 O-20 样品

对于不同变形率下的轧制 O-16 和 O-20 样品，它们断裂表面的 SEM 图像如图 6.54 所示。从图 6.54 中可以看出，断裂形式为脆性断裂，断裂模式主要为穿晶解理型断裂，这说明了在 95%变形率下轧制 O-20 样品的断裂模式从钼金属中晶间断裂转变为穿晶解理断裂。在这些标记区域里，这种脆性特征形貌看起来类似河流状。从图 6.54（a）和（b）中可以看出，断裂过程事实上是不同步的，在解理面边界上仍然存在一些台阶，这些台阶可能是通过微裂纹相互作用而形成的。

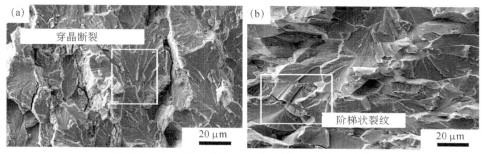

图 6.54　轧制 O-16 和 O-20 样品的 SEM 断口形貌

（a）轧制 O-16 样品；（b）轧制 O-20 样品

事实上，这样的解理断裂机制可以用 Cottrell 模型来解释，断裂模型如图 6.55 所示。通常钼基体上的位错在晶界和晶粒内部进行移动（图 6.55（a）和（b））。正如图 6.55（c）所示，当施加外部应力足够大时，晶界处位错运动会受到阻碍而形成位错塞积。由于两个刃型位错之间相互吸引，分别位于 (100) 和 $(10\bar{1})$ 两个相交滑移面上的两个刃型位错 $a/2[\bar{1}\bar{1}1]$ 和 $a/2[111]$ 产生新刃型位错 $[0\,01]$：

$$a/2[\bar{1}\bar{1}1]+a/2[111]\rightarrow a[001] \tag{6-41}$$

伯格斯矢量为 $a/2[\bar{1}\bar{1}1]$ 和 $a/2[111]$ 的刃型位错在 (100) 和 $(10\bar{1})$ 两个滑移面相交。图 6.55（d）显示，由于拉应力的增加，在 {100} 平面上产生了大量的刃型位错 nb，其中 b 是位错伯格斯矢量。如图 6.55（c）所示，当应力高于 {100} 平面的结合力时，轧制钼金属在滑移面上的相对运动和界面上的应力集中可以被释放，导致在 {100} 面上产生解理裂纹，从而导致其典型的解理断裂。最终轧制钼金属中的位错台阶将留在断裂表面上，如图 6.55 所示。这里解释说明了杂质氧含量在 44～180 ppm 对轧制钼金属断裂模式不会产生较大影响，而轧制变形率对轧制钼金属解理断裂机制影响较为明显。

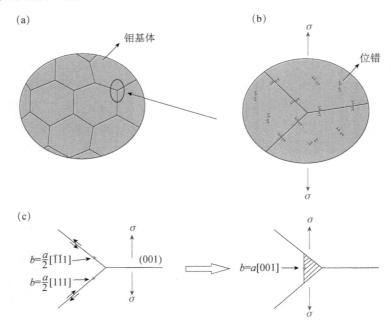

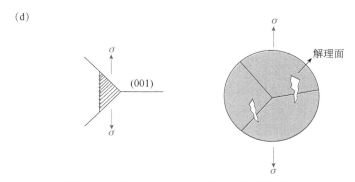

图 6.55　轧制 O-17～O-20 样品的断裂模型

6.5　小结

本章以烧结态钼金属和变形态钼金属为研究对象，系统研究了不同杂质氧含量（44～8600 ppm）在烧结钼金属和变形钼金属中的演变规律及其对力学性能的影响。分析了钼金属粉末冶金过程中杂质氧的存在形式、分布状态及其作用机制；对杂质氧在钼金属的微观组织结构演变进行分析；建立了其微观组织结构与宏观力学性能之间的联系；最后阐明了杂质氧对烧结钼金属和变形钼金属力学性能的影响机制。主要结论如下：

（1）通过设计钼粉末化学成分，控制了烧结钼样品的杂质氧含量在 44～8600 ppm。发现杂质氧在钼粉末中以 MoO_2 或 MoO_3 粉末形式存在。当杂质氧含量为 3700 ppm 时，杂质氧主要以 MoO_2 形式在烧结钼金属的晶界处强烈偏析；当杂质氧含量大于 8600 ppm 时，杂质氧会以中间相氧化钼 Mo_4O_{11} 形式存在于烧结钼金属。利用热力学计算分析表明钼金属烧结过程包括三个温度阶段，分别为温度在 0～662℃ 时形成 MoO_2、MoO_3 和 Mo_4O_{11} 相，温度在 662～1084℃ 时 Mo_4O_{11} 含量增多，以及温度大于 1084℃ 时 MoO_2 含量降低的主要阶段。分析认为烧结过程氧化钼形成机制不仅与杂质氧含量有关，而且表现出明显的温度依赖性。钼粉末中杂质氧含量超过 2.0wt%时更易生成 Mo_4O_{11} 相，因此烧结过程杂质氧含量增加是导致出现 Mo_4O_{11} 相的主要原因。

（2）当杂质氧含量增加至 3300 ppm 时，烧结钼金属表面孔隙处富集杂质氧。当杂质氧含量大于 3700 ppm 时，杂质氧元素更倾向于在钼金属晶界区域偏析，并且氧化钼在断裂表面的晶界区域富集。当杂质氧含量较高（≥8600 ppm）时，晶界中杂质氧元素以 MoO_2、MoO_3 相和中间氧化物 Mo_4O_{11} 相的形式存在，并且生成的氧化钼以网状结构分布在钼金属断裂表面晶界区域。烧结钼金属中杂质氧含量与断裂模式密切相关。当杂质氧含量从 2900 ppm 增加至 3300 ppm 时，断裂模式由晶间断裂转变为晶间和穿晶的混合断裂。当杂质氧含量大于 3700 ppm 时，断裂模式主要为晶间断裂。分析认为杂质氧显著影响烧结钼金属的微观结构和断裂模式。高温烧结过程有利于烧结钼金属中杂质氧生成的氧化物发生还原并气体挥发。

（3）不同杂质氧含量与烧结钼金属的维氏显微硬度呈正比关系。由于杂质氧元素的固溶体增强作用，烧结钼金属具有良好的压缩强度。研究结果表明杂质氧含量在 650～1500 ppm 的变形钼金属具有良好的力学性能（压缩强度为 1476.96 MPa，屈服强度为 18.88 GPa），纳米压痕硬度表明杂质氧含量在 650～1500 ppm 的变形钼金属表现出均匀塑性变形。杂质氧含量减小提高了变形钼金属的平均纳米硬度（最高约为 3.69 GPa），分析认为杂质氧提高了变形钼金属抵抗塑性变形的能力。杂质氧含量的增加影响变形钼金属在高温变形时小应变范围的应力和应变行为。另外，建立了变形钼金属在高温塑性变形下的流变应力本构模型，证明该本构模型对含有杂质氧的钼金属的流变应力具有良好的预测能力，为调控杂质氧含量和制备不同变形钼金属提供了数据支撑。

（4）在不同变形率（47%、70%、80%、90%、95%）下杂质氧含量为 44～180 ppm 的钼金属中，变形率增大和杂质氧含量降低可以明显提高轧制钼金属的机械性能。杂质氧含量为 77 ppm 的 95%轧制钼金属中的主要织构类型是 Goss 织构（（011）〈110〉）。在杂质氧含量为 180 ppm 和 77 ppm 的轧制钼金属中，分别形成〈111〉和〈100〉以及〈100〉和〈110〉两种取向的晶粒。在 95%变形率下杂质氧含量为 77 ppm 的轧制钼金属的断裂模式从晶间断裂转变为穿晶解理断裂。随轧制变形率增大，钼金属中杂质氧含量逐渐降低，杂质氧倾向分布于其孔隙处。杂质氧含量降低提高了轧制钼金属的拉伸强度（最高约为（1028±19）MPa）和显微硬度（最高约为（323±12）HV），实现了轧制变形钼金属中杂质氧含量的调控作用。

参 考 文 献

[1] Dekhtyar A I，Karasevska O P，Bondarchuk V I. Effect of plastic bending on high temperature creep resistance of molybdenum single crystals[J]. International Journal of Refractory Metals and Hard Materials，2021，95：105461.

[2] Cho G S，Ahn G B，Choe K H. Creep microstructures and creep behaviors of pure molybdenum sheet at 0.7 T_m[J]. International Journal of Refractory Metals and Hard Materials，2016，60：52-57.

[3] Perepezko J H. The hotter the engine，the better[J]. Science，2009，326（5956）：1068-1069.

[4] 居炎鹏，王爱琴. 钼合金研究现状[J]. 粉末冶金工业，2015，25（4）：58-62.

[5] 宋瑞，王快社，胡平，等. 钼及钼合金表面高温抗氧化涂层研究现状[J]. 材料导报，2016，30（5）：69-74，80.

[6] 张启修，赵秦生. 钨钼冶金[M]. 北京：冶金工业出版社，2005.

[7] 向铁根. 钼冶金[M]. 长沙：中南大学出版社，2002.

[8] 牛浩. 钼金属深加工产业现状及发展建议[J]. 资源信息与工程，2016，31（5）：95-96.

[9] 魏世忠，韩明儒，徐流杰，等. 钼合金的制备与性能[M]. 北京：科学出版社，2012.

[10] 杨芙蓉. 钼合金及产品漫谈[J]. 金属世界，2011，（5）：26-28.

[11] Zhu Q，Xie M X，Shang X T，et al. Research status and progress of welding technologies for molybdenum and molybdenum alloys[J]. Metals，2020，10：279.

[12] Wang K S，Tan J F，Hu P，et al. La$_2$O$_3$ effects on TZM alloy recovery，recrystallization and mechanical properties[J]. Materials Science and Engineering：A，2015，636：415-420.

[13] Hu B L，Wang K S，Hu P，et al. Effect of secondary phases on the strength and elongation of a novel Mo-TiC-ZrC-C alloy[J]. International Journal of Refractory Metals and Hard Materials，2020，92：105336.

[14] Hu B L，Wang K S，Hu P，et al. Fracture behavior of the La-doped molybdenum-titanium-zirconium alloy[J]. Materials Science and Engineering：A，2019，759：167-171.

[15] Hu B L，Wang K S，Hu P，et al. Secondary phases formation in lanthanum-doped titanium-zirconium-molybdenum alloy[J]. Journal of Alloys and Compounds，2018，757：340-347.

[16] Olds L E, Rengstorff G W P. Effects of oxygen, nitrogen, and carbon on the ductility of cast molybdenum[J]. JOM, 1956, 8 (2): 150-155.

[17] Morito F. Effect of impurities on the weldability of powder metallurgy, electron-beam melted and arc-melted molybdenum and its alloys[J]. Journal of Materials Science, 1989, 24 (9): 3403-3410.

[18] 张廷杰, 王克光, 蒲正利, 等. 钼中碳氧偏聚造成的组织缺陷[J]. 稀有金属材料与工程, 1987, 16 (6): 1-5, 86-87.

[19] 徐兵. 挤压模具用高性能烧结钼材料组织与性能的研究[D]. 长沙: 中南大学, 2010.

[20] 成会朝, 范景莲, 李鹏飞, 等. 难熔钼合金的高温抗氧化和烧蚀行为[J]. 中国有色金属学报, 2011, 21 (3): 570-576.

[21] 殷为宏, 汤慧萍. 难熔金属材料与工程应用[M]. 北京: 冶金工业出版社, 2012.

[22] 许晓阳. 离子交换法从镍钼矿浸出液提取钼的研究[D]. 长沙: 中南大学, 2011.

[23] 王发展, 李大成, 孙院军. 钼材料及其加工[M]. 北京: 冶金工业出版社, 2008.

[24] Akhtar S, Saad M, Misbah M R, et al. Recent advancements in powder metallurgy: A review[J]. Materials Today: Proceedings, 2018, 5 (9, Part 3): 18649-18655.

[25] 何浩然. 粉末冶金钼棒制备工艺及其表面硅化改性研究[D]. 重庆: 重庆理工大学, 2020.

[26] 黄培云. 粉末冶金原理[M]. 2版. 北京: 冶金工业出版社, 1997.

[27] 李美栓. 金属的高温腐蚀[M]. 北京: 冶金工业出版社, 2001.

[28] 李光宗, 魏修宇, 傅崇伟. 钼粉制粉过程中的粉体形貌演变[J]. 中国钼业, 2017, 41 (3): 52-55.

[29] 邓自南, 刘竞艳. LCD溅射靶材用大尺寸钼板工艺, 组织, 织构与性能研究[J]. 中国钼业, 2013, 37 (3): 36-42.

[30] 刘仁智, 王快社, 孙院军, 等. 不同团聚态钼粉制备板材的织构分析[J]. 粉末冶金技术, 2014, 32 (2): 106-110.

[31] 周宇航, 胡平, 常恬, 等. 钼合金强韧化方式及机理研究进展[J]. 功能材料, 2018, 49 (1): 1026-1032.

[32] 冯鹏发, 赵虎, 杨秦莉, 等. 钼金属的脆性与强韧化技术研究进展[J]. 铸造技术, 2011, 32 (4): 554-558.

[33] 杨政伟. 钼合金及其粉末冶金技术研究现状与发展趋势[J]. 有色金属加工, 2013, 42 (4): 4-7, 27.

[34] Suzuki S, Matsui H, Kimura H. The effect of heat treatment on the grain boundary fracture of recrystallized molybdenum[J]. Materials Science and Engineering, 1981, 47 (3): 209-216.

[35] Watanabe T. Grain boundary design and control for high temperature materials[J]. Materials Science and Engineering: A, 1993, 166 (1-2): 11-28.

[36] Iveković A，Omidvari N，Vrancken B，et al. Selective laser melting of tungsten and tungsten alloys[J]. International Journal of Refractory Metals and Hard Materials，2018，72：27-32.

[37] Hiraoka Y，Iwasawa H，Inoue T，et al. Application of fractography to the study of carbon diffusion in molybdenum[J]. Journal of Alloys and Compounds，2004，377（1-2）：127-132.

[38] 左铁镛，周美玲，王占一. 间隙杂质及其分布对烧结钼脆性的影响[J]. 中南大学学报，1982，（1）：47-53，127-128，131.

[39] 徐克玷. 钼的材料科学与工程[M]. 北京：冶金工业出版社，2014.

[40] Janisch R，Elsässer C. Segregated light elements at grain boundaries in niobium and molybdenum[J]. Physical Review B，2003，67（22）：224101.

[41] 陈文帅，周增林，李艳，等. 钼材料杂质元素晶界偏聚的研究进展[J]. 稀有金属，2021，45（12）：1512-1520.

[42] Leitner K，Felfer P J，Holec D，et al. On grain boundary segregation in molybdenum materials[J]. Materials & Design，2017，135：204-212.

[43] Kurishita H，Oishi A，Kubo H，et al. Grain boundary fracture in molybdenum bicrystals with various〈110〉symmetric tilt boundaries[J]. Transactions of the Japan Institute of Metals，1985，26：341-352.

[44] Srivastava S C，Seigle L L. Solubility and thermodynamic properties of oxygen in solid molybdenum[J]. Metallurgical and Materials Transactions B，1974，5（1）：49-52.

[45] Krajnikov A V，Morito F，Slyunyaev V N. Impurity-induced embrittlement of heat-affected zone in welded Mo-based alloys[J]. International Journal of Refractory Metals and Hard Materials，1997，15（5-6）：325-339.

[46] Oku M，Suzuki S，Kurishita H，et al. Chemical states of oxygen segregated intergranular fracture surfaces of molybdenum[J]. Applied Surface Science，1986，26（1）：42-50.

[47] Kumar A，Eyre B L. Grain boundary segregation and intergranular fracture in molybdenum[J]. Journal Proceedings of the Royal Society A，1980，370：431-458.

[48] Waugh A R，Southon M J. Surface studies with an imaging atom-probe[J]. Surface Science，1977，68：79-85.

[49] Waugh A R，Southon M J. Surface analysis and grain-boundary segregation measurements using atom-probe techniques[J]. Surface Science，1979，89（1-3）：718-724.

[50] Miller M K，Kurishita H. APFIM characterization of grain boundary segregation in titanium carbide-doped molybdenum[J]. Journal de Physique IV，1996，6：C5-265-C265-270.

[51] 谭望，陈畅，汪明朴，等. 不同因素对钼及钼合金塑脆性能影响的研究[J]. 材料导报，2007，21（8）：80-87.

[52] Miller M K，Bryhan A J. Effect of Zr，B and C additions on the ductility of molybdenum[J].

Materials Science and Engineering：A，2002，327（1）：80-83.

[53] Tsuya K，Aritomi N. On the effects of vacuum annealing and carburizing on the ductility of coarse-grained molybdenum[J]. Journal of the Less Common Metals，1968，15（3）：245-257.

[54] Hiraoka Y. Significant effect of carbon content in the low-temperature fracture behavior of molybdenum[J]. Materials Transactions，1990，31：861-864.

[55] Wang Z Q，Li Y H，Gong H F，et al. Suppressing effect of carbon on oxygen-induced embrittlement in molybdenum grain boundary[J]. Computational Materials Science，2021，198：110676.

[56] Hoshika T，Hiraoka Y，Nagae M，et al. Hardness distribution of molybdenum alloys which performed carbonization treatment[J]. Journal of the Japan Society of Powder and Powder Metallurgy，2002，49：32-36.

[57] Kobayashi S，Tsurekawa S，Watanabe T. Roles of structure-dependent hardening at grain boundaries and triple junctions in deformation and fracture of molybdenum polycrystals[J]. Materials Science and Engineering：A，2008，483-484：712-715.

[58] Kobayashi S，Tsurekawa S，Watanabe T. Grain boundary hardening and triple junction hardening in polycrystalline molybdenum[J]. Acta Materialia，2005，53（4）：1051-1057.

[59] Tahir A M，Janisch R，Hartmaier A. Ab initio calculation of traction separation laws for a grain boundary in molybdenum with segregated C impurites[J]. Modelling and Simulation in Materials Science and Engineering，2013，21：075005.

[60] 安乐. 铼添加量对钼合金组织和性能的影响[D]. 西安：西安理工大学，2011.

[61] Kurishita H，Tokunaga O，Yoshinaga H. Effect of nitrogen on the intergranular brittleness in molybdenum[J]. Materials Transactions，JIM，1990，31（3）：190-194.

[62] Hiraoka Y，Edwards B C，Eyre B L. Effects of nitrogen on grain boundary fracture in molybdenum[J]. Materials Science Forum，1993，126-128：153-156.

[63] Lutz H，Benesovsky F，Kieffer R. Versuche zur desoxidation von sintermolybdän mit kohlenstoff，bor und silizium[J]. Journal of the Less Common Metals，1968，16（3）：249-264.

[64] Leitner Née Babinsky K，Lutz D，Knabl W，et al. Grain boundary segregation engineering in as-sintered molybdenum for improved ductility[J]. Scripta Materialia，2018，156：60-63.

[65] Jakob S，Hohenwarter A，Lorich A，et al. Effect of boron doping on grain boundary cohesion in technically pure molybdenum investigated via meso-scale three-point-bending tests[J]. International Journal of Refractory Metals and Hard Materials，2023，113：106173.

[66] Scheiber D，Pippan R，Puschnig P，et al. Ab initio calculations of grain boundaries in bcc metals[J]. Modelling and Simulation in Materials Science and Engineering，2016，24（3）：

035013.

[67] Gludovatz B，Wurster S，Weingärtner T，et al. Influence of impurities on the fracture behaviour of tungsten[J]. Philosophical Magazine，2011，91：3006-3020.

[68] Brosse J B，Fillit R，Biscondi M. Intrinsic intergranular brittleness of molybdenum[J]. Scripta Metallurgica，1981，15（6）：619-623.

[69] Ma H B，Ding X K，Zhang L B，et al. Segregation of interstitial light elements at grain boundaries in molybdenum[J]. Materials Today Communications，2020，25：101388.

[70] Chakraborty S P，Banerjee S，Sharma I G，et al. Studies on the synthesis and characterization of a molybdenum-based alloy[J]. Journal of Alloys and Compounds，2009，477（1-2）：256-261.

[71] Leichtfried G，Schneibel J H，Heilmaier M. Ductility and impact resistance of powder-metallurgical molybdenum-rhenium alloys[J]. Metallurgical and Materials Transactions A，2006，37（10）：2955-2961.

[72] Sıralı H，Şimşek D，Özyürek D. Effect of Ti content on microstructure and wear performance of TZM alloys produced by mechanical alloying method[J]. Metals and Materials International，2021，27（10）：4110-4119.

[73] Yin F，Iwasaki S，Ping D，et al. Snoek-type high-damping alloys realized in β-Ti alloys with high oxygen solid solution[J]. Advanced Materials，2006，18（12）：1541-1544.

[74] Lan X，Zhang H，Li Z B，et al. Preparation of fine-grained Mo-W solid solution alloys with excellent performances[J]. Materials Characterization，2022，191：112140.

[75] Hu P，Hu B L，Wang K S，et al. Strengthening and elongation mechanism of Lanthanum-doped Titanium-Zirconium-Molybdenum alloy[J]. Materials Science and Engineering：A，2016，678：315-319.

[76] Hu P，Zhou Y H，Deng J，et al. Crack initiation mechanism in lanthanum-doped titanium-zirconium-molybdenum alloy during sintering and rolling[J]. Journal of Alloys and Compounds，2018，745：532-537.

[77] Cockeram B V. The mechanical properties and fracture mechanisms of wrought low carbon arc cast（LCAC），molybdenum-0.5pct titanium-0.1pct zirconium（TZM），and oxide dispersion strengthened（ODS）molybdenum flat products[J]. Materials Science and Engineering：A，2006，418（1-2）：120-136.

[78] 刘文龙. 钨基超高温难熔金属复合材料微观结构研究[D]. 沈阳：东北大学，2019.

[79] Iorio L E，Bewlay B P，Larsen M. Dopant particle characterization and bubble evolution in aluminum-potassium-silicon-doped molybdenum wire[J]. Metallurgical and Materials Transactions A，2002，33（11）：3349-3356.

[80] 易永鹏，高积强. Y_2O_3/CeO_2 复合强化钼合金（MYC）丝的研究[J]. 稀有金属材料与工程，2005，34（2）：271-274.

[81] 范晓嫚，徐流杰. 金属材料强化机理与模型综述[J]. 铸造技术，2017，38（12）：2796-2798.

[82] Lin Y C，Chen M S，Zhang J. Modeling of flow stress of 42CrMo steel under hot compression[J]. Materials Science and Engineering：A，2009，499（1-2）：88-92.

[83] Hollang L，Brunner D，Seeger A. Work hardening and flow stress of ultrapure molybdenum single crystals[J]. Materials Science and Engineering：A，2001，319-321：233-236.

[84] Prasad Y V R K，Rao K P，Sasidhara S. Hot Working Guide：Compendium of Processing Maps[M]. Materials Park：ASM International，2015.

[85] Behera A N，Kapoor R，Sarkar A，et al. Hot deformation behaviour of niobium in temperature range 700-1500℃[J]. Materials Science & Technology，2014，30（6）：637-644.

[86] Chaudhuri A，Behera A N，Kapoor R，et al. Texture evolution during hot deformation of Moly-TZM[J]. IOP Conference Series：Materials Science and Engineering，2015，82（1）：012088.

[87] Chaudhuri A，Sarkar A，Kapoor R，et al. Microstructural features of hot deformed Nb-1Zr-0.1C alloy[J]. JOM，2014，66（9）：1923-1929.

[88] Sarkar A，Kapoor R，Verma A，et al. Hot deformation behavior of Nb-1Zr-0.1C alloy in the temperature range. 700-1700℃[J]. Journal of Nuclear Materials，2012，422（1-3）：1-7.

[89] 时坚，陈五星，成京昌，等. 热模拟技术在铸造领域的应用[J]. 铸造，2013，62（8）：736-739，743.

[90] Cui C P，Gao Y M，Wei S Z，et al. Microstructure and high temperature deformation behavior of the $Mo-ZrO_2$ alloys[J]. Journal of Alloys & Compounds，2017，716（8）：321-329.

[91] 赵晓东，刘建生，刘洁. 304 不锈钢热变形动态再结晶行为研究[J]. 中国科技论文在线，2011：1-6.

[92] Chaudhuri A，Sarkar A，Suwas S. Investigation of stress-strain response，microstructure and texture of hot deformed pure molybdenum[J]. International Journal of Refractory Metals & Hard Materials，2018，73：168-182.

[93] Xiao M L，Li F G，Xie H F，et al. Characterization of strengthening mechanism and hot deformation behavior of powder metallurgy molybdenum[J]. Materials & Design，2012，34：112-119.

[94] Cheng J，Nemat-Nasser S. A model for experimentally-observed high-strain-rate dynamic strain aging in titanium[J]. Acta Materialia，2000，48（12）：3131-3144.

[95] Cheng J，Nemat-Nasser S，Guo W. A unified constitutive model for strain-rate and temperature dependent behavior of molybdenum[J]. Mechanics of Materials，2001，33（11）：603-616.

[96] 李宏柏，许树勤，田野. 粉末冶金钼热变形流动应力的研究[J]. 锻压装备与制造技术，2010，45（4）：62-65.

[97] Chen C，Yin H，Humail I S，et al. A comparative study of a back propagation artificial neural network and a Zerilli-Armstrong model for pure molybdenum during hot deformation[J]. International Journal of Refractory Metals and Hard Materials，2007，25（5-6）：411-416.

[98] Primig S，Leitner H，Knabl W，et al. Influence of the heating rate on the recrystallization behavior of molybdenum[J]. Materials Science and Engineering：A，2012，535：316-324.

[99] Feng D，Zhang X M，Liu S D，et al. Constitutive equation and hot deformation behavior of homogenized Al-7.68Zn-2.12Mg-1.98Cu-0.12Zr alloy during compression at elevated temperature[J]. Materials Science and Engineering：A，2014，608：63-72.

[100] Nie X Q，Hu Z，Liu H Q，et al. High temperature deformation and creep behavior of Ti-5Al-5Mo-5V-1Fe-1Cr alloy[J]. Materials Science and Engineering：A，2014，613：306-316.

[101] Jones N G，Dashwood R J，Dye D，et al. Thermomechanical processing of Ti-5Al-5Mo-5V-3Cr[J]. Materials Science and Engineering：A，2008，490（1-2）：369-377.

[102] Kleiser G J，Revil-Baudard B，Cazacu O，et al. Plastic deformation of polycrystalline molybdenum：Experimental data and macroscopic model accounting for its anisotropy and tension-compression asymmetry[J]. International Journal of Solids and Structures，2015，75-76：287-298.

[103] Kleiser G，Revil-Baudard B，Pasiliao C L. High strain-rate plastic deformation of molybdenum：Experimental investigation，constitutive modeling and validation using impact tests[J]. International Journal of Impact Engineering，2016，96：116-128.

[104] Healy C J，Ackland G J. Molecular dynamics simulations of compression-tension asymmetry in plasticity of Fe nanopillars[J]. Acta Materialia，2014，70：105-112.

[105] Scapin M，Peroni L，Carra F. Investigation and mechanical modelling of pure molybdenum at high strain-rate and temperature[J]. Journal of Dynamic Behavior of Materials，2016，2（4）：460-475.

[106] Meng B，Wan M，Wu X D，et al. Constitutive modeling for high-temperature tensile deformation behavior of pure molybdenum considering strain effects[J]. International Journal of Refractory Metals & Hard Materials，2014，45：41-47.

[107] Fang F，Zhou Y Y，Yang W. In-situ SEM study of temperature dependent tensile behavior of wrought molybdenum[J]. International Journal of Refractory Metals and Hard Materials，2013，41：35-40.

[108] Pyshmintsev I，Gervasyev A，Petrov R，et al. Crystallographic texture as a factor enabling ductile fracture arrest in high strength pipeline steel[J]. Materials Science Forum，2011，702-

703：770-773.

[109] Chen C，Wang S，Jia Y L，et al. The effect of texture and microstructure on the properties of Mo bars[J]. Materials Science and Engineering：A，2014，601：131-138.

[110] 谭望，陈畅，汪明朴，等. 纯 Mo 棒在镦粗过程中的织构和组织对其横向塑性的影响[J]. 中国有色金属学报，2010，20（5）：859-865.

[111] Wang S，Wang M P，Chen C，et al. Orientation dependence of the dislocation microstructure in compressed body-centered cubic molybdenum[J]. Materials Characterization，2014，91：10-18.

[112] 尤世武. 冷轧纯钼板的织构研究[J]. 理化检验：物理分册，2000，36（8）：342-344.

[113] Hünsche I，Oertel C G，Tamm R，et al. Microstructure and texture development during recrystallization of rolled molybdenum sheets[J]. Materials Science Forum，2004，467/470：495-500.

[114] Oertel C G，Huensche I，Skrotzki W，et al. Plastic anisotropy of straight and cross rolled molybdenum sheets[J]. Materials Science and Engineering：A，2008，483-484：79-83.

[115] Lobanov M L，Danilov S V，Pastukhov V I，et al. The crystallographic relationship of molybdenum textures after hot rolling and recrystallization[J]. Materials & Design，2016，109：251-255.

[116] Primig S，Clemens H，Knabl W，et al. Orientation dependent recovery and recrystallization behavior of hot-rolled molybdenum[J]. Int. J. Refract. Met. Hard Mater.，2015，48：179-186.

[117] 李继文，杨松涛，魏世忠，等. 轧制方式和变形量对纯钼板坯微观组织和织构的影响[J]. 稀有金属，2014，38（3）：348-353.

[118] 韩强，安耿. 热轧钼板质量影响因素分析[J]. 中国钼业，2012，36（2）：49-51.

[119] 侯丙盛，池成忠，许树勤，等. 中厚纯钼板轧制工艺实验研究[J]. 锻压装备与制造技术，2012，47（1）：96-98.

[120] Burman E，Hansbo P，Larson M G. A simple approach for finite element simulation of reinforced plates[J]. Finite Elements in Analysis and Design，2018，142：51-60.

[121] 马存强，侯陇刚，庄林忠，等. 铝合金板材同步/异步轧制变形行为有限元分析[J]. 塑性工程学报，2018，25（6）：125-132.

[122] 赵文娟，唐安，林启权，等. Ti₃Al 单晶塑性变形行为的晶体塑性有限元模拟[J]. 稀有金属材料与工程，2018，47（6）：1753-1759.

[123] Zhang S H，Zhang G，Liu J，et al. A fast rigid-plastic finite element method for online application in strip rolling[J]. Finite Elements in Analysis and Design，2010，46：1146-1154.

[124] Mohebbi M S，Akbarzadeh A. Constitutive equation and FEM analysis of incremental cryo-rolling of UFG AA 1050 and AA 5052[J]. Journal of Materials Processing Technology，2018，

255：35-46.

[125] Ding Y，Zhu Q，Le Q，et al. Analysis of temperature distribution in the hot plate rolling of Mg alloy by experiment and finite element method[J]. Journal of Materials Processing Technology，2015，225：286-294.

[126] Bagheripoor M，Bisadi H. Effects of rolling parameters on temperature distribution in the hot rolling of aluminum strips[J]. Applied Thermal Engineering，2011，31（10）：1556-1565.

[127] Priel E，Mittelman B，Trabelsi N，et al. A computational investigation of Equal Channel Angular Pressing of molybdenum validated by experiments[J]. Journal of Materials Processing Technology，2019，264：469-485.

[128] 王雪. 纯钼粉大塑性变形的细观模拟及微观亚结构演化的多尺度研究[D].　合肥：合肥工业大学，2016.

[129] 郝健. 钼板材异形轧制工艺的研究[D]. 无锡：江南大学，2012.

[130] 徐忠兰，郝健. 钼板材轧制过程的数值模拟及其工艺参数的优化[J]. 稀有金属与硬质合金，2013，41（3）：41-45.

[131] 李宏柏. 粉末冶金钼板轧制工艺有限元模拟与试验研究[D]. 太原：太原理工大学，2011.

[132] 许洁瑜，程景峰. 2008 年上半年我国钼产品进出口分析[J]. 中国材料进展，2008，27（9）：20-23.

[133] 李大成，杨刘晓，孙院军，等. 钼金属深加工产品现状及技术应用分析[J]. 中国钼业，2008，32（1）：8-13.

[134] 王广达，熊宁，刘国辉. 轧制方式对钼的力学性能的影响[J]. 粉末冶金工业，2021，31（3）：81-84.

[135] 朱爱辉，吕新矿，王快社. 轧制方式对 Mo-1 钼板组织和性能的影响[J]. 硬质合金，2006，23（2）：97-99.

[136] 韩晨，孙付涛. 国内钼板生产与应用现状分析[J]. 有色金属设计，2015，42（4）：54-72.

[137] Rios P，Siciliano F，Sandim H，et al. Nucleation and growth during recrystallization[J]. Materials Research-Ibero-american Journal of Materials，2005，8：225-238.

[138] Avrami M. Kinetics of phase change. I general theory[J]. The Journal of Chemical Physics，1939，7（12）：1103-1112.

[139] Johnson W A，Mehl R F. Reaction kinetics in process of nucleation and growth[J]. Transaction of Aime，1939，135：416-458.

[140] Avrami M. Kinetics of phase change. Ⅱ Transformation-time relations for random distribution of nuclei[J]. The Journal of Chemical Physics，1940，8（2）：212-224.

[141] Avrami M. Granulation，phase change，and microstructure kinetics of phase change. Ⅲ [J]. The Journal of Chemical Physics，1941，9（2）：177-184.

[142] Rollett A，Humphreys F J，Rohrer G S，et al. Recrystallization and Related Annealing Phenomena[M]. 2nd ed. Amsterdam：Elsevier，2004.

[143] Hall J O. Molybdenum[M]//Veterinary Toxicology. Amsterdam：Elsevier，2007：449-452.

[144] Stephens J R，Petrasek D W，Titran R H. Refractory metal alloys and composites for space nuclear power systems[J]. Refractory Metal Alloys & Composites for Space Power Systems，2018，4（42）：6-13.

[145] Alam T，Sun F，Banerjee R，et al. Change in the deformation mode resulting from beta-omega compositional partitioning in a Ti-Mo alloy：Room versus elevated temperature[J]. Scripta Materialia，2017，130：69-73.

[146] 廖彬彬，魏修宇. 钨钼材料在蓝宝石单晶炉中的应用[J]. 硬质合金，2018，35（2）：134-141.

[147] 张鹏翼. 钼板轧机的设计选型分析与探讨[J]. 有色金属加工，2013，42（2）：19-22.

[148] Cockeram B V. The role of stress state on the fracture toughness and toughening mechanisms of wrought molybdenum and molybdenum alloys[J]. Materials Science and Engineering：A，2010，528（1）：288-308.

[149] 宋维锡. 金属学[M]. 2版. 北京：冶金工业出版社，1989.

[150] 黄江波，魏修宇，李光宗，等. 热轧变形量及退火工艺对钼板材组织和性能的影响[J]. 硬质合金，2013，30（5）：270-274.

[151] Yu M，Wang K，Zan X，et al. Hardness loss and microstructure evolution of 90% hot-rolled pure tungsten at 1200-1350℃[J]. Fusion Engineering and Design，2017，（Dec.）：531-536.

[152] 贾东明，黄丽荣. 热处理温度对钼箔组织及性能的影响[J]. 中国钼业，2017，41（6）：44-46.

[153] Voronova L M，Chashchukhina T I，Gapontseva T M，et al. Effect of the deformation temperature on the structural refinement of BCC metals with a high stacking fault energy during high pressure torsion[J]. Russian Metallurgy（Metally），2016，2016（10）：960-965.

[154] Park K K，Cho J H，Han H N，et al. Texture evolution during deep drawing of Mo sheet[J]. Key Engineering Materials，2003，233-236：567-572.

[155] Primig S，Leitner H，Clemens H，et al. On the recrystallization behavior of technically pure molybdenum[J]. International Journal of Refractory Metals and Hard Materials，2010，28（6）：703-708.

[156] Halla F，Thury W. Über boride von molybdän und wolfram[J]. Zeitschrift für anorganische und allgemeine Chemie，1942，249（3）：229-237.

[157] 魏修宇. 热轧钼板退火过程中的微观组织演变[J]. 中国钼业，2016，40（3）：48-52.

[158] 张国君，马杰，安耿，等. 热处理温度对钼靶材微观组织和性能的影响[J]. 中国钼业，

2014，38（5）：47-50，54.

[159] Wang K，Zan X，Yu M，et al. Effects of thickness reduction on recrystallization process of warm-rolled pure tungsten plates at 1350℃[J]. Fusion Engineering and Design，2017，125：521-525.

[160] Brewer L，Lamoreaux R H. The Mo-O system（molybdenum-oxygen）[J]. Bulletin of Alloy Phase Diagrams，1980，1（2）：85-89.

[161] 韩强. 钼及其合金的氧化、防护与高温应用[J]. 中国钼业，2002，26（4）：32-34.

[162] Scheiber D，Pippan R，Puschnig P，et al. Ab-initio search for cohesion-enhancing solute elements at grain boundaries in molybdenum and tungsten[J]. International Journal of Refractory Metals and Hard Materials，2016，60：75-81.

[163] Babinsky K，Weidow J，Knabl W，et al. Atom probe study of grain boundary segregation in technically pure molybdenum[J]. Materials Characterization，2014，87：95-103.

[164] Babinsky K，Knabl W，Lorich A，et al. Grain boundary study of technically pure molybdenum by combining APT and TKD[J]. Ultramicroscopy，2015，159：445-451.

[165] Miller M K，Kenik E A，Mousa M S，et al. Improvement in the ductility of molybdenum alloys due to grain boundary segregation[J]. Scripta Materialia，2002，46（4）：299-303.

[166] Bera S，Shivaprasad S M，Sharma J K N. Observation of electron transfer in the silicidation and oxidation of molybdenum by AES and EELS[J]. Applied Surface Science，1994，74（1）：13-17.

[167] Ferreira S L C，Bezerra M A，Santos A S，et al. Atomic absorption spectrometry—A multi element technique[J]. Trends in Analytical Chemistry，2018，100：1-6.

[168] Padmasubashini V，Ganguly M K，Satyanarayana K，et al. Determination of tungsten in niobium-tantalum，vanadium and molybdenum bearing geological samples using derivative spectrophotometry and ICP-AES[J]. Talanta，1999，50（3）：669-676.

[169] Hasegawa S I. Determination of trace elements in high purity tungsten by solid phase extraction/ICP-MS[J]. Metallurgical Transactions，2008，49：2054-2057.

[170] Yoshioka T，Okochi H，Hasegawa R. Determination of ultra low contents of oxygen in high purity iron[J]. Materials Transactions，JIM，1993，34：504-510.

[171] 王苗，杨双平，孙海兴，等. 钼基合金的强韧化研究现状及展望[J]. 中国钼业，2021，45（6）：23-29.

[172] Wang T，Zhang Y，Jiang S，et al. Stress relief and purification mechanisms for grain boundaries of electron beam welded TZM alloy joint with zirconium addition[J]. Journal of Materials Processing Technology，2018，251：168-174.

[173] Fan J L，Lu M Y，Cheng H C，et al. Effect of alloying elements Ti，Zr on the property and

microstructure of molybdenum[J]. International Journal of Refractory Metals and Hard Materials，2009，27（1）：78-82.

[174] Cockeram B V. The fracture toughness and toughening mechanism of commercially available unalloyed molybdenum and oxide dispersion strengthened molybdenum with an equiaxed，large grain structure[J]. Metallurgical and Materials Transactions A，2009，40（12）：2843-2860.

[175] Zhang L J，Pei J Y，Zhang L L，et al. Laser seal welding of end plug to thin-walled nanostructured high-strength molybdenum alloy cladding with a zirconium interlayer[J]. Journal of Materials Processing Technology，2019，267：338-347.

[176] 卢明园，范景莲，成会朝，等. Ti 对 Mo-Ti 合金拉伸强度及显微组织的影响[J]. 中国有色金属学报，2008，18（3）：409-413.

[177] 范景莲，成会朝，卢明园，等. 微量合金元素 Ti、Zr 对 Mo 金性能和显微组织的影响[J]. 稀有金属材料与工程，2008，37（8）：1471-1474.

[178] Pöhl C，Schatte J，Leitner H. Solid solution softening of polycrystalline molybdenum-hafnium alloys[J]. Journal of Alloys and Compounds，2013，576：250-256.

[179] Sun T L，Xu L J，Wei S Z，et al. Phase evolution of hydrothermal synthesis oxide-doped molybdenum powders[J]. International Journal of Refractory Metals and Hard Materials，2020，86：105085.

[180] Hu W Q，Sun T，Liu C X，et al. Refined microstructure and enhanced mechanical properties in Mo-Y_2O_3 alloys prepared by freeze-drying method and subsequent low temperature sintering[J]. Journal of Materials Science & Technology，2021，88：36-44.

[181] Zhao M Y，Zhou Z Y，Ding Q M，et al. Effect of rare earth elements on the consolidation behavior and microstructure of tungsten alloys[J]. International Journal of Refractory Metals and Hard Materials，2015，48：19-23.

[182] Lang D，Pöhl C，Holec D，et al. On the chemistry of the carbides in a molybdenum base Mo-Hf-C alloy produced by powder metallurgy[J]. Journal of Alloys and Compounds，2016，654：445-454.

[183] Siller M，Lang D，Schatte J，et al. Interaction of precipitation，recovery and recrystallization in the Mo-Hf-C alloy MHC studied by multipass compression tests[J]. International Journal of Refractory Metals and Hard Materials，2018，73：199-203.

[184] Lin M C，Yu H Y，Ding Y，et al. A predictive model unifying hydrogen enhanced plasticity and decohesion[J]. Scripta Materialia，2022，215：114707.

[185] Rengstorff G W P，Fischer R B. Cast molybdenum of high purity[J]. JOM，1952，4：157-160.

[186] 张德尧. 氧、氮、碳对钼和钼合金性能的影响[J]. 中国钼业，2003，27（2）：20-25.

[187] Zhang L L，Zhang L J，Ning J，et al. Strengthening mechanisms of combined alloying with carbon and titanium on laser beam welded joints of molybdenum alloy[J]. Journal of Manufacturing Processes，2021，68: 1637-1649.

[188] Yu Q，Qi L，Tsuru T，et al. Origin of dramatic oxygen solute strengthening effect in titanium[J]. Science，2015，347（6222）: 635-639.

[189] Yang P J，Li Q J，Tsuru T，et al. Mechanism of hardening and damage initiation in oxygen embrittlement of body-centred-cubic niobium[J]. Acta Materialia，2019，168: 331-342.

[190] Yang P J，Li Q J，Han W Z，et al. Designing solid solution hardening to retain uniform ductility while quadrupling yield strength[J]. Acta Materialia，2019，179: 107-118.

[191] Sankar M，Baligidad R G，Gokhale A A. Effect of oxygen on microstructure and mechanical properties of niobium[J]. Materials Science and Engineering: A，2013，569: 132-136.

[192] Zhang J，Han W Z. Oxygen solutes induced anomalous hardening，toughening and embrittlement in body-centered cubic vanadium[J]. Acta Materialia，2020，196: 122-132.

[193] Jo M G，Madakashira P P，Suh J Y，et al. Effect of oxygen and nitrogen on microstructure and mechanical properties of vanadium[J]. Materials Science and Engineering: A，2016，675: 92-98.

[194] Zhang X M，Li Y F，He Q L，et al. Investigation of the interstitial oxygen behaviors in vanadium alloy: A first-principles study[J]. Current Applied Physics，2018，18（2）: 183-190.

[195] Lei Z F，Liu X J，Wu Y，et al. Enhanced strength and ductility in a high-entropy alloy via ordered oxygen complexes[J]. Nature，2018，563（7732）: 546-550.

[196] Ritchie R O. The conflicts between strength and toughness[J]. Nature Materials，2011，10（11）: 817-822.

[197] Ramarolahy A，Castany P，Prima F，et al. Microstructure and mechanical behavior of superelastic Ti-24Nb-0.5O and Ti-24Nb-0.5N biomedical alloys[J]. Journal of the Mechanical Behavior of Biomedical Materials，2012，9: 83-90.

[198] Besse M，Castany P，Gloriant T. Mechanisms of deformation in gum metal TNTZ-O and TNTZ titanium alloys: A comparative study on the oxygen influence[J]. Acta Materialia，2011，59（15）: 5982-5988.

[199] Lücke K，Detert K. A quantitative theory of grain-boundary motion and recrystallization in metals in the presence of impurities[J]. Acta Metallurgica，1957，5（11）: 628-637.

[200] Gottstein G，Molodov D A，Shvindlerman L S. Grain boundary migration in metals: Recent developments[J]. Interface Science，1998，6（1）: 7-22.

[201] Li X X，Zhang L，Wang G H，et al. Influence of impurities on hot-rolled molybdenum for

high temperature applications[J]. International Journal of Refractory Metals and Hard Materials，2020，92：105294.

[202] Zhang L L，Zhang L J，Long J，et al. Enhanced mechanical performance of fusion zone in laser beam welding joint of molybdenum alloy due to solid carburizing[J]. Materials & Design，2019，181：107957.

[203] Llovet X，Moy A，Pinard P T，et al. Electron probe microanalysis：A review of recent developments and applications in materials science and engineering[J]. Progress in Materials Science，2021，116：100673.

[204] Morris K J. Cold Isostatic Pressing[M]//Brook R J. Concise Encyclopedia of Advanced Ceramic Materials. Amsterdam：Elsevier，1991：84-88.

[205] Liu Y，Deng J，Wang W，et al. Characterization of green Al_2O_3 ceramics surface machined by tools with textures on flank-face in dry turning[J]. International Journal of Applied Ceramic Technology，2019，16：1159-1172.

[206] Poliak E I，Jonas J J. A one-parameter approach to determining the critical conditions for the initiation of dynamic recrystallization[J]. Acta Materialia，1996，44（1）：127-136.

[207] 李庆波，叶凡，周海涛，等. Mg-9Y-3Zn-0.5Zr 合金的热变形行为[J]. 中国有色金属学报，2008，18（6）：1012-1019.

[208] Li H Z，Zeng M，Liang X P，et al. Multi-stage plastic deformation behavior of TiAl-based alloy at high temperature[J]. Transactions of Materials and Heat Treatment，2012，33：110-115.

[209] 居炎鹏. 纯钼板坯热变形行为研究[D]. 洛阳：河南科技大学，2015.

[210] 王少林，阮雪榆，俞新陆，等. 金属高温塑性本构方程的研究[J]. 上海交通大学学报，1996，30（8）：20-24.

[211] Wang H Y，Zhao W，Dong J X，et al. Research on optimization of GH4169 turbine disc hot die forging technique based on Deform-3D and orthogonal experimental method[J]. Forging & Stamping Technology，2013，38：13-19.

[212] Zhang X G，Pan Q L，Liang W J，et al. Flow stress constitutive equation of 01570 aluminum alloy during hot compression[J]. Forging & Stamping Technology，2009，34：139-142.

[213] Du B，Li D，Guo S，et al. Hot compressive deformation behaviors of nickel base alloy hastelloy C-276[J]. Chinese Journal of Rare Metals，2013，37：215-223.

[214] Sellars C M，McTegart W J. On the mechanism of hot deformation[J]. Acta Metallurgica，1966，14（9）：1136-1138.

[215] Seok M Y，Choi I C，Zhao Y，et al. Microalloying effect on the activation energy of hot deformation[J]. Steel Research International，2015，86（7）：817-820.

[216] McQueen H J，Yue S，Ryan N D，et al. Hot working characteristics of steels in austenitic state[J]. Journal of Materials Processing Technology，1995，53（1-2）：293-310.

[217] Starink M J. The determination of activation energy from linear heating rate experiments：A comparison of the accuracy of isoconversion methods[J]. Thermochimica Acta，2003，404（1-2）：163-176.

[218] Shi C，Mao W，Chen X G. Evolution of activation energy during hot deformation of AA7150 aluminum alloy[J]. Materials Science and Engineering A，2013，571：83-91.

[219] Zhang J，Di H，Wang H，et al. Hot deformation behavior of Ti-15-3 titanium alloy：A study using processing maps，activation energy map，and Zener-Hollomon parameter map[J]. Journal of Materials Science，2012，47（9）：4000-4011.

[220] Zhang M J，Li F G，Wang S Y，et al. Characterization of hot deformation behavior of a P/M nickel-base superalloy using processing map and activation energy[J]. Materials Science and Engineering，2010，527（24-25）：6771-6779.

[221] Mokdad F，Chen D L，Liu Z Y，et al. Hot deformation and activation energy of a CNT-reinforced aluminum matrix nanocomposite[J]. Materials Science & Engineering A，2017，695（MAY17）：322-331.

[222] Solhjoo S. Analysis of flow stress up to the peak at hot deformation[J]. Materials & Design，2009，30（8）：3036-3040.

[223] Yu Y，Hu H，Zhang W C，et al. Microstructure evolution and recrystallization after annealing of tungsten heavy alloy subjected to severe plastic deformation[J]. Journal of Alloys and Compounds：An Interdisciplinary Journal of Materials Science and Solid-state Chemistry and Physics，2016，685：971-977.

[224] Prasad Y V R K，Sasidhara S，Sikka V K. Characterization of mechanisms of hot deformation of as-cast nickel aluminide alloy[J]. Intermetallics，2000，8（9-11）：987-995.

[225] Ballo P，Kioussis N，Lu G. Grain boundary sliding and migration：Effect of temperature and vacancies[J]. Physical Review B，2001，64（2）：167-173.

[226] 杨松涛. 大单重纯钼板坯高温塑性变形行为及热轧开坯工艺研究[D]. 洛阳：河南科技大学，2011.

[227] Ren C，Fang Z Z，Xu L，et al. An investigation of the microstructure and ductility of annealed cold-rolled tungsten[J]. Acta Materialia，2019，162：202-213.

[228] Wang W，Cui G，Zhang W，et al. Evolution of microstructure，texture and mechanical properties of ZK60 magnesium alloy in a single rolling pass[J]. Materials Science and Engineering：A，2018，724：486-492.

[229] Kumar M，Schwartz A J，King W E. Correlating observations of deformation microstructures

by TEM and automated EBSD techniques[J]. Materials Science and Engineering：A，2001，309-310：78-81.

[230] Luo J，Li M，Li H，et al. Effect of the strain on the deformation behavior of isothermally compressed Ti-6Al-4V alloy[J]. Materials Science and Engineering：A，2009，505（1-2）：88-95.

[231] Chen X M，Lin Y C，Chen M S，et al. Microstructural evolution of a nickel-based superalloy during hot deformation[J]. Materials & Design，2015，77：41-49.

[232] Huang K，Logé R E. A review of dynamic recrystallization phenomena in metallic materials[J]. Materials & Design，2016，111：548-574.

[233] Wu Y，Kou H，Wu Z，et al. Dynamic recrystallization and texture evolution of Ti-22Al-25Nb alloy during plane-strain compression[J]. Journal of Alloys and Compounds，2018，749：844-852.

[234] Momeni A，Ebrahimi G R，Jahazi M，et al. Microstructure evolution at the onset of discontinuous dynamic recrystallization：A physics-based model of subgrain critical size[J]. Journal of Alloys and Compounds，2014，587：199-210.

[235] Kou H，Chen Y，Tang B，et al. An experimental study on the mechanism of texture evolution during hot-rolling process in a β titanium alloy[J]. Journal of Alloys and Compounds，2014，603：23-27.

[236] Chen Y，Li J，Tang B，et al. Grain boundary character distribution and texture evolution in cold-drawn Ti-45Nb wires[J]. Materials Letters，2013，98：254-257.

[237] Hughes D A，Hansen N. High angle boundaries formed by grain subdivision mechanisms[J]. Acta Materialia，1997，45（9）：3871-3886.

[238] Hughes D A，Hansen N. High angle boundaries and orientation distributions at large strains[J]. Scripta Metallurgica et Materialia，1995，33（2）：315-321.

[239] 王晓艳. AZ31B 镁合金热轧变形行为的实验研究和数值模拟[D]. 长沙：中南大学，2009.

[240] 吴成. Q235/304 不锈钢复合板热轧有限元模拟研究[D]. 西安：西安建筑科技大学，2005.

[241] 黄均平. 非经典塑性理论——热力耦合大变形弹塑性本构模型及其应用[D]. 重庆：重庆大学，2006.

[242] Rout M，Pal S K，Singh S B. Prediction of edge profile of plate during hot cross rolling[J]. Journal of Manufacturing Processes，2018，31：301-309.

[243] 钱鹏. 多向锻造与轧制大塑性变形作用下纯铝组织演变[D]. 沈阳：东北大学，2012.

[244] 王廷溥. 金属塑性加工学：轧制理论与工艺[M]. 北京：冶金工业出版社，1988.

[245] 王海龙. 中厚板轧制过程的控制模型及仿真研究[D]. 郑州：郑州大学，2008.

[246] Hao P，He A，Sun W. Formation mechanism and control methods of inhomogeneous

deformation during hot rough rolling of aluminum alloy plate[J]. Archives of Civil and Mechanical Engineering，2018，18（1）：245-255.

[247] Nalawade R S，Puranik A J，Balachandran G，et al. Simulation of hot rolling deformation at intermediate passes and its industrial validity[J]. International Journal of Mechanical Sciences，2013，77：8-16.

[248] Chen W C，Samarasekera I V，Hawbolt E B. Fundamental phenomena governing heat transfer during rolling[J]. Metallurgical Transactions A，1993，24（6）：1307-1320.

[249] 陈忠伟，杨延清. 航空材料 EBSD 技术[M]. 北京：国防工业出版社，2017.

[250] Rusakov G M，Lobanov M L，Redikul'tsev A A，et al. Special misorientations and textural heredity in the commercial alloy Fe-3% Si[J]. The Physics of Metals and Metallography，2014，115（8）：775-785.

[251] Gupta R C. Veterinary Toxicology[M]. New York，London：Academic Press，2007.

[252] 张菊平，惠军胜，赵虎. 烧结方式对钼制品组织性能的影响研究[J]. 中国钼业，2015，39（3）：41-44.

[253] 毛卫民，赵新兵. 金属的再结晶与晶粒长大[M]. 北京：冶金工业出版社，1994.

[254] Yuan Y，Greuner H，BöSwirth B，et al. Recrystallization and grain growth behavior of rolled tungsten under VDE-like short pulse high heat flux loads[J]. Journal of Nuclear Materials，2013，433（1-3）：523-530.

[255] Cole D G，Feltham P，Gillam E. On the mechanism of grain growth in metals，with special reference to steel[J]. Proceedings of the Physical Society. Section B，1954，67（2）：131-137.

[256] Sachs G. Zur Ableitung einer Fließbedingung[M]//Bauer O，Hansen M，Frhrn v. Göler，et al. Mitteilungen der Deutschen Materialprüfungsanstalten：Sonderheft Ⅸ：Arbeiten aus dem Kaiser Wilhelm-Institut für Metallforschung und demStaatlichen Materialprüfungsamt zu Berlin-Dahlem. Berlin Heidelberg：Springer，1929：94-97.

[257] Dillamore I L，Roberts W T. Rolling textures in f.c.c. and b.c.c. metals[J]. Acta Metallurgica，1964，12（3）：281-293.

[258] 黄启今，刘国权. 通用软件 Microsoft Word 在显微组织定量分析中的应用[J]. 中国体视学与图像分析，2002，7（3）：182-184.

[259] 周邦新. 钼单晶体的冷轧及再结晶织构[J]. 物理学报，1963，19（5）：297-305.

[260] Mainprice D，Münch P. Quantitative texture analysis of an anorthosite-application to thermal expansion，young's modulus and thermal stresses[J]. Textures and Microstructures，1993，21：79-92.

[261] Hölscher M，Raabe D，Lücke K. Relationship between rolling textures and shear textures in f.c.c. and b.c.c. metals[J]. Acta Metallurgica et Materialia，1994，42（3）：879-886.

[262] Jensen D J，Hansen N，Humphreys F J. Texture development during recrystallization of aluminium containing large particles[J]. Acta Metallurgica，1985，33（12）：2155-2162.

[263] Jiang Y L，Liu H Q，Yi D Q，et al. Microstructure evolution and recrystallization behavior of cold-rolled Zr-1Sn-0.3Nb-0.3Fe-0.1Cr alloy during annealing[J]. Transactions of Nonferrous Metals Society of China，2018，28（4）：651-661.

[264] 朱爱辉，王快社，吕新矿. 钼板轧制工艺的优化[J]. 机械工程材料，2007，31（2）：26-28.

[265] Li S L，Hu P，Zuo Y G，et al. Precise control of oxygen for titanium-zirconium-molybdenum alloy[J]. International Journal of Refractory Metals and Hard Materials，2022，103：105768.

[266] Russell K F，Miller M K，Ulfig R M，et al. Performance of local electrodes in the local electrode atom probe[J]. Ultramicroscopy，2007，107（9）：750-755.

[267] Lee S K，Yoon S H，Chung I，et al. Handbook of X-Ray Photoelectron Spectroscopy[Z]. Perkin-Elmer Corporation，2011.

[268] Brox B，Olefjord I. ESCA Studies of MoO_2 and MoO_3[J]. Surface and Interface Analysis，1988，13（1）：3-6.

[269] Shimoda M，Hirata T，Yagisawa K，et al. Deconvolution of Mo 3d X-ray photoemission spectray-Mo_4O_{11}: Agreement with prediction from bond length-bond strength relationships[J]. Journal of Materials Science Letters，1989，8（9）：1089-1091.

[270] Mansoor M，Mansoor M，Mansoor M，et al. Ab-initio study of paramagnetic defects in Mn and Cr doped transparent polycrystalline Al_2O_3 ceramics[J]. Synthesis and Sintering，2021，1（3）：135-142.

[271] Hunt J，Ferrari A，Lita A，et al. Microwave-specific enhancement of the carbon-carbon dioxide（boudouard）reaction[J]. The Journal of Physical Chemistry C，2013，117：26871-26880.

[272] Danninger H，De Oro Calderon R，Gierl-Mayer C. Chemical reactions during sintering of PM steel compacts as a function of the alloying route[J]. Powder Metallurgy，2018，61（3）：241-250.

[273] Gierl-Mayer C，De Oro Calderon R，Danninger H. Sintering of ferrous metallic compacts：Chemical reactions that involve interstitial elements[J]. Journal of the American Ceramic Society，2019，102：695-705.

[274] Gierl-Mayer C，De Oro Calderon R，Danninger H，et al. The role of oxygen transfer in sintering of low alloy steel powder compacts：A review of the"internal getter"effect[J]. Journal of Metals，2016，68：920-927.

[275] Xu Z N，Xu L J，Xiong N，et al. Dynamic recrystallization behavior of a Mo-2.0%ZrO_2 alloy

during hot deformation[J]. International Journal of Refractory Metals and Hard Materials，2022，109：105983.

[276] Saravana Kumar M，Rashia Begum S，Vasumathi M，et al. Influence of molybdenum content on the microstructure of spark plasma sintered titanium alloys[J]. Synthesis and Sintering，2021，1（1）：41-47.

[277] FarahBakhsh I，Antiochia R，Jang H W. Pressureless sinterability study of ZrB₂-SiC composites containing hexagonal BN and phenolic resin additives[J]. Synthesis and Sintering，2021，1（2）：99-104.

[278] Akhlaghi M，Salahi E，Tayebifard S A，et al. Role of Ti₃AlC₂ MAX phase on characteristics of in-situ synthesized TiAl intermetallics. Part I：sintering and densification[J]. Synthesis and Sintering，2021，1（3）：169-175.

[279] Danninger H，Gierl Mayer C，Kremel S，et al. Degassing and deoxidation processes during sintering of unalloyed and alloyed PM steels[J]. Powder Metallurgy Progress，2002，2：125-140.

[280] Asl M S，Delbari S A，Azadbeh M，et al. Nanoindentational and conventional mechanical properties of spark plasma sintered Ti-Mo alloys[J]. Journal of Materials Research and Technology，2020，9（5）：10647-10658.

[281] Xing H R，Hu P，Zhou Y H，et al. The microstructure and texture evolution of pure molybdenum sheets under various rolling reductions[J]. Materials Characterization，2020，165：110357.

[282] Pethica J B，Oliver W C. Mechanical properties of nanometre volumes of material：Use of the elastic response of small area indentations[J]. MRS Online Proceedings Library，1988，130（1）：13-23.

[283] Oliver W C，Pharr G M. An improved technique for determining hardness and elastic modulus using load and displacement sensing indentation experiments[J]. Journal of Materials Research，1992，7（6）：1564-1583.

[284] Chaudhuri A，Behera A N，Sarkar A，et al. Hot deformation behaviour of Mo-TZM and understanding the restoration processes involved[J]. Acta Materialia，2019，164：153-164.

[285] 夏雨，王快社，胡平，等. 纯钼金属高温塑性变形行为研究进展[J]. 材料导报，2019，33（19）：3277-3289.

[286] 夏雨. 纯钼金属高温塑性变形行为及微观组织演变规律研究[D]. 西安：西安建筑科技大学，2020.

[287] Li Z，Chen Y B，Wei S Z，et al. Flow behavior and processing map for hot deformation of W-1.5ZrO₂ alloy[J]. Journal of Alloys and Compounds，2019，802：118-128.

[288] Laasraoui A，Jonas J J. Prediction of steel flow stresses at high temperatures and strain rates[J]. Metallurgical Transactions A，1991，22（7）：1545-1558.

[289] Zener C，Hollomon J H. Effect of strain rate upon plastic flow of steel[J]. Journal of Applied Physics，1944，15（1）：22-32.